Web制作のための、
発注＆パートナーシップ構築ガイド

葉栗雄貴
伊藤優汰
株式会社 caroa

Preface はじめに

「初めてWebサイト制作を依頼する際の手順がわからず困っている」
「制作会社からの提案が少なく、不安を感じる」
「過去に依頼した際、期待とは異なるデザインのWebサイトができあがってしまった」

Webサイト制作の需要が高まるなかで、多くの企業からこんな嘆きの言葉を耳にすることが増えてきました。一方で、制作会社やデザイン会社の声に耳を傾けると、「設計や準備の重要性が理解されない」「現実的でないスケジュールを要求される」「スケジュール終盤に仕様変更を依頼されて手戻りが発生する」といった言葉も聞こえてきます。このような問題を解決する鍵は、両者の「良好な関係の構築」にあると私たちは考えています。

本書は、Web制作における依頼者と実行者（制作会社、デザイン会社、デザイナー）の両者の関係性を、「受発注の関係」ではなく、よいデザインを一緒に作り上げるための「パートナーシップの関係」にするための実践書です。

1992年に日本で初めてのWebサイトが公開され、1990年代中盤には「ホーム

ページ・ビルダー」をはじめとするホームページ作成ソフトが発売されたことで、多くの人がホームページという存在を認知し始めました。しかし、この頃はまだまだ一部の技術者だけがWebサイトを作ることしかできず、技術者に「発注」する必要がありました。30年以上が経過して、今ではノーコードやAIの進化によって多くの技術が民主化されました。マウス操作やAIへの指示だけで、Webサイトやデザインが制作できるようになっています。

そんな時代にあえてプロに「発注」する意味はどこにあるのか。Web制作業界では従来より受発注の関係性が続いています。発注者がやってほしいことを指示して、受託者が要件通りに遂行する。これだともう自分でやってしまうかAIに頼んだ方が早いし安いし簡単です。ただ、それではどこも同じようなそれっぽいクオリティのものが量産されてしまうだけでしょう。そこで、プロから意見をもらい、一緒に作り上げていく「コラボレーション」が必要になります。

本書では、従来の受発注の関係から脱却し、コラボレーションによってパートナーシップを構築するあり方を提案します。私たち株式会社caroa（カロア）は、「愛される。をもっと。」というパーパスを掲げてデザインパートナー事業などを行っている会社です。愛する先にある、愛されるようなことがもっと増える社会を目指しています。そのためにカロアでは、ご一緒させていただくプロジェクトでは「受託者」として関わるのではなく、「パートナー」として関わっていくようにしています。そのうえで意識していることやテクニックなどをまとめたのが本書です。

Web業界はまだまだ閉ざされていて言語化が難しいゆえに苦手意識を持たれていたり、プロセスがブラックボックス化されていたりして、依頼する側として不安に感じる部分も多いかもしれません。デザインのテクニック集のような書籍は溢れていますが、自分でやるわけではなく誰かに依頼するときに、「何から始めていいのか」「どのように進めるといいのか」といったプロセスに関する情報はまだまだ少ないのが現状です。Webサイトは、公開するまでのプロセス

のなかでさまざまなことが整理され、生まれていきます。会社や商品の魅力、伝えたい言葉、届けたいユーザーが考えていることなど、途中のプロセスにこそ意味があります。

本書は、これから Web 制作を依頼・発注する皆さんにとっての、入門書であり実践のためのガイドブックとなることを目指しています。Web 制作は会社や人ごとにやり方が異なっており、属人性も高いため、他の会社や人がどのような考え方や流れでプロジェクトを実施しているのかを学ぶのが難しい領域です。そのため本書では、可能な限り Web 制作プロジェクトのプロセスを細かく分解して、依頼者と実行者の両者がそれぞれ何をやるのか、どのように考えるのかを紹介しています。依頼者の方は、デザインパートナー探しとプロジェクト進行の参考にしていただき、経験の少ないデザイン会社やデザイナーの方であれば、依頼者の方が何を考えているのか、どのようなコミュニケーションをとるとよいのかの参考にしていただければ嬉しいです。

本書を通じて、よいパートナーシップが育まれ、もっとよいデザインが日本に増えることを願っています。

2025 年 2 月

葉栗雄貴、伊藤優汰

目 次

はじめに ·· 003

Part 1

コラボレーションのための共通認識づくり ······················· 010

Chapter 1

よいデザインは、よい関係性から生まれる ······················ 011

1-1　パートナーシップとは ·· 012
1-2　デザインってなに？ ··· 019
1-3　お互いを理解するために ·· 024

Chapter 2

Web制作プロジェクトの基礎知識 ································· 027

2-1　プロジェクト全体の流れ ·· 028
2-2　プロジェクトに関わる人と、その役割 ···················· 034
2-3　デザインに関する共通言語 ··· 044
2-4　Webサイトに関する共通言語 ···································· 047
2-5　進行のポイント ··· 052
2-6　お金の話 ··· 055

Part **2**

Web制作プロジェクトの実践 ················· 066

イントロダクション ································· 067

Chapter **3**

自社内の情報を整える ····················· 071

3-1 社内体制の整理から始める ····················· 072
3-2 要件定義は一緒に作る前提で整理する ··········· 077
3-3 Webサイト公開後の「運用」を視野に入れる ········· 081
3-4 問い合わせ時には「要件と期待値」を伝える ········· 085

Chapter **4**

デザインパートナーを選定する ··············· 089

4-1 初回相談の場では「共感できるか」を確かめる ········· 090
4-2 提案では「納得できるか」を確かめる ··············· 096
4-3 最後の決め手は「継続できるか」どうか ············· 103

Chapter **5**

プロジェクトマネジメント ····················· 109

5-1 プロジェクトは設計が9割 ····················· 110
5-2 変動しない項目を整理する「プロジェクト仕様書」 ······· 118
5-3 変動する項目を可視化する「スケジュール書」 ········· 125
5-4 キックオフ会議で合意形成をとる ··············· 133
5-5 着実にプロジェクトを前進させるための「タスクシート」 ·· 140
5-6 過去と未来のリスクに備える ··················· 146

Chapter 6

Webサイトを設計する ⋯⋯⋯⋯⋯⋯⋯⋯⋯⋯⋯⋯⋯⋯ 153

6-1 課題設計：「なぜWebサイトを作るのか？」を見える化する ⋯⋯⋯⋯⋯⋯⋯⋯⋯⋯⋯⋯⋯⋯⋯⋯⋯⋯⋯⋯⋯⋯⋯ 154

6-2 セグメント設計：「届ける人」を見える化する ⋯⋯⋯ 169

6-3 戦略設計：「訪問者の経路」を見える化する ⋯⋯⋯ 176

6-4 コンテンツ設計：「届ける情報」を見える化する ⋯⋯ 188

6-5 情報設計：「ユーザー体験」を見える化する ⋯⋯⋯ 194

6-6 ブランド設計："らしさ"を見える化する ⋯⋯⋯⋯ 207

Chapter 7

Webサイトを制作する ⋯⋯⋯⋯⋯⋯⋯⋯⋯⋯⋯⋯⋯⋯⋯ 215

7-1 共通の印象を見える化する ⋯⋯⋯⋯⋯⋯⋯⋯⋯ 216

7-2 メインビジュアルで具体的な伝わり方を定める ⋯⋯ 224

7-3 ワイヤーフレームにコンテンツを当てはめる ⋯⋯⋯ 229

7-4 デザインプロセスの進捗とフィードバック量の関係性 ⋯ 234

7-5 ユーザー視点とSEO視点から実装を確認する ⋯⋯ 238

7-6 公開までの段取りは日単位のスケジュールで進める ⋯⋯ 246

Chapter 8

パートナーシップの継続 ⋯⋯⋯⋯⋯⋯⋯⋯⋯⋯⋯⋯⋯⋯ 251

8-1 自走する部分と、パートナー企業と共創する部分を分ける 252

8-2 振り返り会を実施し、プロジェクトを積み立て式にする ⋯ 261

8-3 継続的にできそうなパートナーシップを実践する ⋯⋯⋯ 265

おわりに ⋯⋯⋯⋯⋯⋯⋯⋯⋯⋯⋯⋯⋯⋯⋯⋯⋯⋯⋯⋯⋯⋯ 268

本書の構成について

本書は、Part 1 と Part 2 の2部構成になっています。Part 1 では、これから Web サイトを制作するにあたっての共通認識となる考え方と基礎知識をお伝えします。Part 2 では、コラボレーション型の Web 制作プロジェクトに沿って、全体像と流れ、実践に向けたポイントを解説しています。

ダウンロードデータについて

Part 2 で使用する資料は、以下の URL よりダウンロードできます。

https://go.caroa.jp/design/book-special-content

【使用上の注意】

※ 本データは、本書購入者のみご利用になれます。
※ データの著作権は作者に帰属します。
※ データの転売は固く禁じます。
※ データに修正等があった場合には、予告なく内容を変更ないし公開停止する可能性がございます。あらかじめご了承ください。またお使いのコンピュータの性能や環境によって、データを利用できない場合があります。
※ 本データを実行した結果については、著者や出版社のいずれも一切の責任を負いかねます。ご自身の責任においてご利用ください。

Part **1**

コラボレーションのための
共通認識づくり

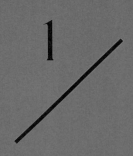

Chapter 1

よいデザインは、よい関係性から生まれる

1-1 　　パートナーシップとは

1-2 　　デザインってなに？

1-3 　　お互いを理解するために

1−1 パートナーシップとは

ここでは、Web制作プロジェクトにおいて「パートナーシップ」がなぜ重要なのか、これまでの「受発注の関係」から「パートナーシップの関係」に変わることでどのような価値が生まれるのかについて説明していきます。

Web制作プロジェクトには多くの人が関わる

　私たちカロアでは、多くのWebデザインプロジェクトに携わるなかで、「パートナーシップ」がプロジェクトの成功確率を上げるために最も大切なことだと考えています。

　そもそもパートナーシップとは、「2つ以上の人やグループが協力してお互いの強みを活かし、助け合いながら目的を達成するための関係性」を表す言葉です。

　最近では、ノーコードツールや生成AIなどの技術発展により、1人でも簡単なWebサイトを作ることが可能になってきました。しかし、一定以上の規模や質を求めるWebサイトは、多くの人々の協力なしには作り上げることができません。

　たとえば社内でWebサイトを作る場合を想像してみてください。経営陣がビジョンを語り、人事担当が戦略を落とし込み、デザイナーが形にして、エンジニアがそれを実装する。外部のデザイン会社に依頼する場合は、営業担当、プロジェクトマネージャー、ディレクター、デザイナー、エンジニア、アートディレクター、マーケターなど、よりさまざまな専門家がプロジェクトに関わることになります。

このように、Web制作のプロジェクトには実はたくさんの人が関わっています。そして、それぞれが違う専門知識を持っています。同じ会社のメンバーでさえ考え方が大きく異なることがあるなかで、外部の会社と協力してプロジェクトを進めることにはよりいっそう難しい面が出てきます。

本質的な目的達成のために

このような状況下でプロジェクトの成功確率を上げるためには、しっかりとしたパートナーシップを築くことが必要です。ここからは、パートナーシップの重要性を理解するため、採用サイトを作るデザインプロジェクトを例に、パートナーシップが築けていない場合と築けている場合の違いを見ていきましょう。少し極端な例かもしれませんが、実際に起こる可能性のあるシチュエーションです。

パートナーシップが築けていない場合

たとえばまずクライアント側は、初回依頼のデザイン会社に「ビジョンと募集要項を載せたシンプルで簡易なサイトを、安く、早く、作ってほしい」と伝えます。その要望に対して、依頼を受けたデザイン会社は表面的な要求に基づいて作業を進めていきます。

指示したことを迅速にやってほしいクライアント側は、打ち合わせはできるだけ最小限に抑えて、少しのメールだけでのやり取りを希望して進めます。そして、デザイン会社から提出された最初のデザイン案を、「それっぽいし、おしゃれである」として、安易に承認します。

しかし、最終的な仕上がりを見ると、「思っていたのと何か違う」という印象を抱きます。確かに簡易なサイトをなるはやで作ってほしいとリクエストしましたが、なんだかイメージとは違います。修正を依頼しても、「前回OKをいただいていましたが……」「追加の費用が必要になります」といった返答を受け、結局両者ともに納得のできない消化不良のプロジェクトになってしまいます。

パートナーシップが築けている場合

　一方、パートナーシップがしっかりと築かれている場合はまったく違う展開になります。まずはじめに、関わる人全員で自己紹介を行い、それぞれの役割と責任を明確にします。そして、プロジェクトで「何を達成したいのか」という本質的な目的を共有して話し合います。Webサイトは単なる見栄えの良いホームページではなく、「何らかの目的を達成するためのツール」です。採用サイトであれば、「自社にマッチする社員を採用したい」という明確な目的を設定します。このように目的が明確化されると、デザイン会社からより戦略的な提案が生まれます。サイト制作の前にオウンドメディアを始めることを提案されたり、目的達成のためにサイト内でどのような見せ方が効果的かを論理的に説明されたりします。

　そして、Webサイトの内容を一緒に考えていく過程で思わぬ発見が生まれることもあります。採用サイトを作るうえで自社の強みを改めて見つめ直したり、サービスページを作るなかで新たな価値を再定義したり。このように、Webサイト制作は単なるサイト作りを超えて、会社や事業を深く考える貴重な機会にもなるのです。

　結果として、パートナーシップが築かれたプロジェクトでは、クライアントの本質的な目的を達成するための成果物が完成します。さらに、副次的な効果として、プロジェクトに直接関わっていないクライアント側の社内メンバーにも、プロセスをしっかりと理解しているため「なぜこの成果物が良いのか」といった価値を説明しやすくなります。

「受発注の関係」から「パートナーシップの関係」へ

　Webサイト制作の世界では長らく「受発注の関係」が当たり前でした。しかし、時代とともにその関係性にも変化が求められています。なぜ変化が必要なのか、ここでは従来の「受発注の関係」とこれからの「パートナーシップの関係」の違いを紹介していきます。

従来の受発注の関係の場合

　誰かに仕事を依頼する場合、通常は依頼する側（発注者）と、依頼を受けて

遂行する側（受注者）という「受発注の関係」が成立します。これは外部の会社に依頼する場合だけでなく、たとえば社内でデザイナーにバナー制作を頼む場合なども同じです（これを「社内受託」と呼ぶこともあります）。

しかし、この関係には問題がありました。それは、発注者と受注者では期待することや考え方が大きく異なるということです。ここで少し立ち止まって、発注者と受注者の立場の違いについて考えてみましょう。発注者の立場に立ってみると、こんな気持ちになります。

「よし、新しいWebサイトを作ろう！　でも予算は限られているし、できるだけ早く公開したいな……」

できるだけ安く、早く、そして良いものを手に入れたい。しかし、現実には限られた予算のなかでベストな成果を出さなければなりません。さらに、上司や同僚からのプレッシャーもある。これが多くの発注者が直面する現実で、発注する立場からしては当然の感覚かもしれません。

一方、受注者が理想とする仕事は、「適切な報酬と十分な制作時間が確保された案件」です。できるだけ高品質な成果物を提供したい、クライアントの期待以上の価値を生み出したいと考えています。しかし、限られた予算と納期の中で最高のクオリティを実現することは簡単ではありません。また、1つのプロジェクトに集中することは稀で、基本的には複数のプロジェクトを並行して進めるなかで、各案件に十分な力を割り当てることになります。

このように、発注者と受注者では、同じプロジェクトに対する見方がまったく異なります。発注者が「早く安く」を重視するのに対し、受注者は「適切な対価とスケジュール」を重視します。このように思いが食い違っていると、プロジェクトを進めるなかでいろいろな問題が出てきてしまいます。ただし、これは単に個人の資質や能力の問題ではありません。むしろ、「受発注の関係」そのものに起因する構造的な問題なのです。

パートナーシップの関係の場合

こうした問題を解決するために、私たちカロアが重視しているのが「パートナーシップの関係」です。これは単に仕事を頼んだり受けたりする関係ではありません。同じ目標に向かって、力を合わせて取り組む関係です。

パートナーシップの関係では、まず本質的な目的の共有が重要です。たとえば採用サイトの制作であれば、単にWebサイトを構築することではなく、「優

秀な人材の獲得」という本来の目的に焦点を当てます。この目的意識の共有が、より効果的な Web サイト制作につながります。

　そして、お互いの専門性を最大限に活用することができるようになります。発注者・クライアントは業界に関する深い知見と自社の強みを持っていて、デザイン会社はデザインを通じてものごとを伝わりやすくする専門性を持っています。これらを融合させることで、より効果的な Web サイトを構築できるようになります。

　さらに、問題発生時の対応も変化します。責任の所在を追及するのではなく、問題解決に向けた建設的な議論が可能になります。これにより、プロジェクト全体の品質と効率が向上します。

　このように、「受発注の関係」から「パートナーシップの関係」に変わることで、プロジェクトの進め方が大きく変わります。とはいえ、この変化は一夜にして起こるものではありません。お互いを信頼し、同じ目標に向かって協力しようとする姿勢が必要です。次に、このパートナーシップというものが生み出す価値を紹介します。

パートナーシップが生み出す価値

　従来の「受発注の関係」から「パートナーシップの関係」への移行は、プロジェクトの成功率を大きく左右します。具体的にどんな価値が生まれるのか、4つの観点から見ていきましょう。

1）共通の目標がもたらす「本質的な価値」

　パートナーシップでは、表面的な要求にとどまらず、プロジェクトの本質的な目的を共有します。たとえば企業サイトのリニューアルであれば、「デザインを新しくする」という表面的な目標ではなく、「顧客との信頼関係を強化し、ブランド価値を高める」といった本質的な目標を共有します。これにより、単なる「見た目が良い」を超えた本当に価値のある Web サイトを一緒に作り上げることが可能になります。

2）専門知識の融合による「独自の価値」

デザイン会社は、デザインを通してものごとを伝わりやすくしたり魅力的に変換する専門的な知識を持っています。一方で、発注者・クライアント企業は自社のビジネスや顧客に関する専門的な知見を持っています。パートナーシップを築くことで、これらの強みを掛け合わせ、より効果的なWebサイトを生み出すことができます。もし自社の強みなどを認識できていない場合でも、デザイン会社の力を借りて引き出してもらうことで、しっかりと認識することができます。

3）リスク回避による「品質の価値」

プロジェクト進行中に予期せぬ事態・問題が発生することは珍しくありません。特に長期のプロジェクトではなおさらです。パートナーシップが築かれていれば、これらの問題に対して双方が協力して解決策を見出すことができます。「言われた通りにやった」「要求が変わった」といった責任の押し付け合いではなく、共に最善の解決策を模索することができるのです。これにより、プロジェクトの遅延やクオリティの低下を防ぐことができ、結果的に品質の担保が可能になります。

4）長期的な関係構築による「効率化の価値」

パートナーシップは1回のプロジェクトで終わるものではありません。中長期的な協力関係を築くことで、プロジェクトを重ねるごとに相互理解が深まり、コミュニケーションの齟齬が減り、より効率的かつ効果的な協働が可能になります。たとえば、発注側の業界用語や企業文化を理解していれば、ブリーフィングの時間を短縮でき、より本質的な議論に時間を割くことができます。そのため、長く続ければ続けるほど、より価値を享受することができます。

このようなパートナーシップの関係は、いわば「積み立て式」の関係と言えます。1つのプロジェクトごとに信頼関係や相互理解を積み重ね、長期的な価値を生み出していきます。一方、従来の受発注の関係は「掛け捨て式」と表現できるかもしれません。1つのプロジェクトが終われば関係も終わり、次のプロジェクトがあればまた一から関係を構築し直す必要があります。この方式では、上記で挙げたような価値を十分に受け取ることが難しくなります。

確かにパートナーシップの構築には時間と努力が必要です。でも、「掛け捨て式」の関係から「積み立て式」の関係へ移行することで、Web制作プロジェクトは単なる「Webサイト制作」を超えた、企業価値を高めるような取り組みに変わることになります。

　では次に、パートナーシップを通じて実現する「デザイン」とは何か、その本質的な意味について見ていきましょう。私たちが普段何気なく使っている「デザイン」という言葉には、実は深い意味が込められているのです。

1-2 デザインってなに？

Web制作会社に依頼をする「デザイン」とはそもそも何なのか、「デザイン」という営みはどういうものなのか、ここではその本質について説明していきます。

狭義のデザインと広義のデザイン

　毎日の生活のなかで、私たちはたくさんの「デザイン」に囲まれています。スマートフォンのアプリ、Webサイト、SNSの広告、本のページ、街中の看板……。気づかないうちに目にしているこれらはすべて、誰かによってデザインされたものです。たとえば、今読んでいるこの本も、文字の大きさや行間、表紙のデザインまで、一つひとつ考え抜かれて作られています。この「デザイン」という言葉の意味を改めて考えてみると、実は2つの捉え方があるのです。

　ひとつは、イメージしやすい「見た目の美しさ」という意味です。これを「狭義のデザイン」と呼びます。たとえばiPhoneについて「デザインが良い」という時、多くの人は「見た目が美しい」という意味で使っています。

　もうひとつは、見た目の美しさだけでなく、使いやすさや問題解決の方法まで含めた、より広い意味でのデザインです。これを「広義のデザイン」と呼びます。iPhoneで言えば、見た目の美しさに加えて、誰でも直感的に使えて素晴らしい体験ができるという部分までを含めた価値のことです。

　実は、iPhoneが登場する前にもスマートフォンは存在していましたが、多くは画面の下に物理キーボードがついたガラケーや、パソコンを拡張したようなものでした。でも、アプリごとに最適なボタンの配置や操作方法は違うはず

です。物理キーボードがあると、その自由な発想が制限されてしまいます。

　そこでiPhoneは、画面全体をタッチパネルにすることで、アプリごとに最適な操作方法を提供できるようにしました。これは単なる見た目の話ではなく、より良い体験を実現するための「デザイン」でした。

デザインという言葉を誤解しないで

　近年は「デザイン」という言葉がいろいろな場面で使われすぎていて、かえってわかりにくくなっている面もあります。「デザイン」という言葉に対して、恐れや敷居の高さを感じる人も多いのではないでしょうか。「センスがないとデザインはできない……」「ダサいと思われるのが怖い……」、こんな不安を感じたことはないですか？

　たとえば「デザイナーズマンション」という言葉。この言葉が広がることで、多くの人が「デザイン＝見た目が美しくて、おしゃれなもの」というイメージを持つようになりました。しかしその一方で、「デザイン＝見た目重視で機能性に欠ける」という誤解も生まれています。

　デザインの本質的な役割は、「目に見えていない概念や価値を、目に見える形にする」ことです。もっと簡単な言葉にすると「見えていないものを、見えるようにする」という表現が良いかもしれません。

　最近では、デザインという言葉の使われ方がさらに広がっています。「キャリアデザイン」「ライフデザイン」「組織デザイン」など、必ずしも視覚的なものを示さない場面でも使われるようになってきました。これらの言葉に共通するのは、目に見えない抽象的なアイデアを具体的な形にして、人々が理解し、体験できるようにする、という考え方です。

　このように、デザインとは単なる「見た目を整える」ことではありません。私たちの身の回りには、さまざまな「見えていないもの」があります。会社の理念や価値観、製品の特徴、サービスの良さ、チームの魅力……。デザインの本質的な役割は、そういった目に見えないものを形にして伝えることなのです。

　Webサイトのデザインで言えば、「ブランドの世界観を視覚的に表現すること」「複雑な情報をわかりやすく整理すること」「ユーザーが迷わない導線を設計すること」「伝えたい価値を効果的に表現すること」といった、総合的な取

り組みを指します。

　だから、「センスがない」とか「ダサいものを作ってしまう」といった不安を持つ必要はありません。大切なのは、何を伝えたいのか、誰に届けたいのか、どんな体験を提供したいのか。そういった本質的な部分をしっかりと考え、デザイナーと一緒に形にしていくこと。それが、本当の意味での「デザイン」なのです。

良いデザインは一人では生まれない

　良いデザインは、いろいろな視点と専門知識、そしてスキルの融合から生まれます。たとえば、デザイナーは美しい造形を作るスキルや問題解決能力を持っていますが、製品のことや事業のことなどを完全に理解しているわけではありません。一方デザイナー以外の人は、それぞれの分野に関する深い知識を持っています。このように、デザイナーとデザイナー以外の人が一緒になってそれぞれの専門性を融合させることで、つまりコラボレーションすることで、良いデザインは生まれます。

　見た目の美しさの作り方は、確かに専門の技術や経験が必要で、簡単ではありません。しかし、それはあくまでも「デザインの一部」であって、すべてではありません。たとえばWebサイトを作るのであれば、Webサイトのグラフィックをどうやって作るのかという見た目についての技術だけでなく、その前の企画や整理、構造、ロジックなどの部分もすべて含んだ結果が最終的な見た目に至ります。

　そのため、実はデザインというものはデザイナーだけで作ることは難しく、関係者みんなが参加することが本当に大切なのです。発注者であれば、自社のことはいちばんよく知っているし、Webサイトに来るユーザーのこともよく知っているはずです。だからこそ、情報をちゃんと集めてデザイナーに伝えたり、ユーザーになりきってどんな印象を受けるかを考えたりすることができます。

　これを「デザインはデザイナーがやるもの」と決めつけてしまうと、良い結果が生まれにくくなります。デザインはみんなが参加して作り上げていくものです。「デザイン」という言葉のみに惑わされずに、良い価値を一緒に作って

いく姿勢が大切です。

　良いデザインは、デザイナーとデザイナー以外の人が一緒になって、それぞれの専門性を融合させるコラボレーションから生まれると前述しました。そのためには、パートナーシップを土台にしたオープンで建設的なコミュニケーションが大切です。

　発注者が一方的な意見や要件を出して、デザイナーがそれを実現するというような関係では、良いデザインは生まれません。「これを作ってくれ」と最初から固め過ぎてしまうと、デザイナーの専門性や創造性が活かされず、期待以上の価値を生み出すチャンスを逃してしまいます。

　逆に、デザイン側が一方的にデザインを提案して、発注者がそれをそのまま受け入れるというような関係性でも、良いデザインは生まれません。発注者が持っている業界や会社の知識や、ユーザーについての深い理解が活かされていない可能性があるからです。

　良いデザインは、お互いが意見を言い合ったり本音を引き出したりできるような「良い関係」を作ることから始まります。たとえば、「この部分はこうした方が良いのでは？」と気軽に提案できたり、「実はこんな課題も抱えているんです」と本音で話せたり。そんな関係性があってこそ、お互いの強みを活かした価値の高いデザインが生まれます。

良いデザインは「ユーザーと対象物の"良い関係性"」を作る

　クライアント側とデザイン側の関係性が「良いデザイン」につながると説明しましたが、実はそれは、ユーザーと対象物（今回の場合はWebサイト）の関係性が良いデザインにつながるのと同じことを表しています。

　たとえばWebサイトであれば、一方的に情報を伝えることだけをメインとすることは少ないでしょう。むしろ、Webサイトを通してユーザーとの関係性を築いていくことが重要です。

「商品を購入してもらう」「お問い合わせしてもらう」「会社に興味を持ってもらって求人情報に応募してもらう」「SNSでシェアしてもらう」「メールマガジンに登録してもらう」「定期的にサイトに訪れてもらう」……　このようなアクションは、ユーザーとの良好な関係性があってこそ生まれます。そのために

は、ユーザーの気持ちや行動を深く理解し、それに合わせたWebサイトを作ることが大切です。

　たとえば採用サイトであれば、「どんな情報があれば応募を決断できるのか」「どんな不安や疑問を持っているのか」「どういう順番で情報を見ていくのか」といったユーザーの心理や行動を理解すること。そして、その理解に基づいて適切な情報を適切なタイミングで提供していく。そうすることで、ユーザーとの良好な関係性が築けるWebサイトが作れるのです。

　このように、デザインプロジェクトにおける「良い関係性」は、最終的にユーザーとWebサイトの「良い関係性」として実を結びます。だからこそ、お互いの意見を尊重し、本音で話し合える関係性を築いていくことが重要なのです。

1-3 お互いを理解するために

ここまで、パートナーシップの重要性、デザインの本質、そして良い関係性の大切さについて見てきました。では、このような関係性を築くための第一歩となる「相互理解」について考えていきましょう。

まずは自社のことを知ってもらう

　パートナーシップを築く最初の一歩は、自社のことを相手に知ってもらうことです。ただし、これは単なる会社概要の説明ではありません。会社の理念や目標、大切にしている価値観、そしてなにより「想い」を含めた紹介が大切です。

　私たちカロアで経験した印象的なプロジェクトを紹介します。ある企業の採用サイトリニューアルの打ち合わせで、担当者の方が「一緒にいる人たちは本当にいい人が多いけど、あまりそれが社外に伝わっていなくてミスマッチが増えてきている。働きやすくていい会社だから、それをもっと伝えたい」と話してくれました。このように、その人の想いの部分まで伝えてもらえると、制作者は単なる「サイト作り」以上のものを感じ取り、より深い理解と共感を持ってプロジェクトに臨むことができます。こうした自己開示から始まる共感と理解が、良いパートナーシップの土台となるのです。

デザイン会社・制作会社を理解する

　次は、パートナーとなる可能性のあるデザイン会社や制作会社にいったいどんな会社があるのかの理解を深めていきましょう。

　おそらく「Web　制作会社」のように検索して会社を調べると思いますが、実は会社によって業務領域、得意分野、金額などが大きく異なります。また、会社だけでなく、最も重要なのは実際に一緒にWebサイトを作っていくプロジェクトチームです。ここでは、会社やプロジェクトチーム選びの際に押さえておきたいポイントをご紹介します。

相手の「得意なこと」を見る

　得意なことを見るときに、だいたいはその会社の制作事例を見ると思います。イラスト中心のサイトがたくさん載っているからイラスト系のサイトが得意、写真中心のサイトが載っているから写真を使ったサイトが得意なんだと思われたことありませんか？

　実はそれは半分正解で、半分不正解です。半分正解と言っているのは、所属するデザイナーが少ない場合はそのデザイナーの得意分野に依存してしまうので、グラフィック制作が苦手なデザイナーの場合はどうしても写真中心のリアルなデザインが多くなります。しかし所属しているデザイナーが複数いる会社の場合は、プロジェクトに入るデザイナーによって得意分野も異なるので、制作事例には載っていないタイプのものでも依頼が可能な場合も多いのです。そのため、所属するデザイナーや進行管理をするディレクターによるわけですから、一概に得意不得意とは言えないので、半分不正解という言い方をしています。

　では、得意なこととはどこを見るといいのでしょうか。それは、会社として「いちばん価値提供できる」と語っているところです。カロアで言えば、「コミュニケーション」が得意なことです。そのため、業界や領域は絞らず、コミュニケーションをしっかりとっていきながらWebサイトを作っていきたい場合は最適です。

　カロアのようにプロセスに関する得意なことを言っている会社もあれば、医療系という業界を得意とする会社もあったり、採用サイトという種類を得意と

する会社もあります。また、サイト制作ではなくマーケティングやブランディングを得意とする会社もあります。他にも、カロアのように一緒に対話しながら進めていくのが得意な会社もあれば、基本的に丸投げしてもらってなるべく効率化するのが得意な会社もあります。

　ただし、自社の業界に詳しい会社だけが正解というわけではありません。時にはまったく異なる業界の知見を持つ会社が新鮮な視点を提供してくれることもあります。たとえるなら、和食店に洋食のシェフを招いて新メニューを開発するようなものです。意外な組み合わせが革新的なアイデアを生み出すこともあります。

　探すのはとても大変ですが、「自分たちが達成したいこと」「自分たちが進めたいやり方」の軸で一度見てみることをおすすめします（デザインパートナー探しについてはChapter 4で詳述します）。

Chapter

2

Web制作プロジェクトの基礎知識

2 - 1　プロジェクト全体の流れ

2 - 2　プロジェクトに関わる人と、その役割

2 - 3　デザインに関する共通言語

2 - 4　Webサイトに関する共通言語

2 - 5　進行のポイント

2 - 6　お金の話

2-1 プロジェクト全体の流れ

ここからは、Web制作プロジェクトの大きな流れと、各フェーズの内容について説明していきます。制作会社によってこの区切り方は変わることもありますが、まずは目安として覚えておきましょう。

まずはプロジェクトの全体の流れを知ろう

Webサイト制作を依頼するにあたり、そもそもどんな流れで進むのか気になりますよね。プロジェクトの全体の流れは大きく分けて「準備」「相談」「設計」「制作」「運用」という5つのフェーズで進んでいきます。各フェーズの具体的な内容はPart 2で詳しく解説しますので、ここでは大枠を説明していきます。

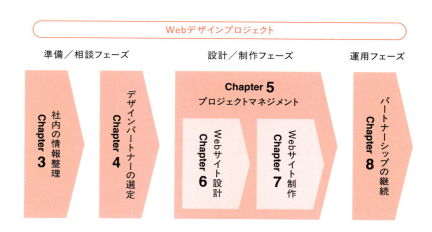

準備フェーズ

　まず最初に大切なのが、社内での準備です。このフェーズでは、デザイン会社に相談する前の社内体制づくりや、課題の洗い出し、目的設定を行います。

　実際、Webサイトを作ること自体が目的というケースは少なくて、基本的には「集客」「採用」「ブランディング」のどれかが本当の目的になっています。この目的を明確にすることは、プロジェクトの成功に欠かせない第一歩です。

　ここで特に大切なのが、やりたいことを「言葉にする」ということ。これは後々のコミュニケーションを円滑にするための「共通言語」づくりになります。たとえば、「もっと会社の魅力が伝わるサイトにしたい」というぼんやりした思いを、「採用における応募者の質を高めるため、私たちの技術力とチームの雰囲気が伝わるサイトにする」というように、具体的に言語化していきます。

　また、この準備フェーズでは、プロジェクトを進めるための社内体制も整えていきます。たとえば「意思決定者は誰か」「確認や承認のフローはどうするか」「スケジュールの制約はあるか」「予算の範囲はどれくらいか」といった基本的な事項を事前に決めておくことで、制作会社との打ち合わせもスムーズに進みますし、プロジェクト全体の進行もブレにくくなります。

　特に注意したいのは、この準備フェーズを軽く考えてしまうこと。「とりあえずデザイン会社に相談してから考えよう」という声もよく聞きますが、それだとプロジェクトが始まってから方向性の議論で時間を取られたり、手戻りが発生するリスクが高くなってしまいます。

　だからこそ、面倒くさく感じても、この準備フェーズでしっかりと時間をかけて考えることをおすすめします。それが、結果的にはスムーズなプロジェクト進行につながっていくのです。

相談フェーズ

　準備ができたら、次は一緒に作っていくパートナー探しです。ここでは、デザイン会社への問い合わせや見積もり依頼、契約などを行います。

　準備フェーズで考えた内容を各社に伝えて、自社の課題解決ができそうで、

一緒にプロジェクトを進めていけそうな会社を見つけていきましょう。この段階で大切なのは、前章の最後でお話したように、単に技術力や実績だけでなく、その会社の考え方や価値観が自社と合うかどうかを見極めることです。

たとえば、「とにかく安く早く作りたい」のか、「時間をかけてでも質の高いものを作りたい」のか。また、「細かい部分まで自社でコントロールしたい」のか、「プロフェッショナルの意見を積極的に取り入れたい」のか。こういった方向性の違いで、選ぶべきパートナーは変わってきます。この段階でしっかりとコミュニケーションをとり、お互いの期待値を合わせることが重要です。

設計フェーズ

ここからが本番です。このフェーズでは、Webサイト制作の設計を行います。「設計」と聞くと何だか難しく感じるかもしれませんが、要するに「何を」「誰に」「どうやって」届けるかを具体的に考えていく作業です。

やることの流れとしては、まず「プロジェクト設計」では、全体のスケジュールや進め方を決めます。続いて「課題設計」で現状を把握・分析し、「ターゲット（セグメント）設計」で誰に向けたサイトにするのかを明確にします。そして「戦略設計」で具体的な目標と成果指標を設定し、その達成方法を考えます。「コンテンツ設計」と「情報設計」では実際のサイト構成を検討し、「ブランド設計」ではデザインの方向性を決めていきます。

多くの方は制作の部分が大事だと思いがちですが、実はいちばん大切なのがこの設計フェーズです。なぜなら、ここでの決定がすべてのベースになるからであり、たとえばターゲット設計が曖昧なまま進むと、デザインの方向性が定まらず、修正を繰り返すことになってしまったり、誰にも刺さらない中途半端なサイトになってしまったりします。

このフェーズをおろそかにしたり、省略したり、コストを削ろうとしたりすると、プロジェクトの成功確率がグッと下がってしまいます。「早く形にしたい」という気持ちはわかりますが、この段階でしっかり時間をかけることで、後工程がスムーズになり、結果的に目的を達成しやすい効果的なサイトが作れます。

理想的には、「ターゲット設計」「戦略設計」は自社のマーケターと一緒に準

備フェーズで事前に考えておくことをおすすめします。そういった担当者がいない場合は、パートナー会社と一緒に考えていくのも良い方法です。大切なのは、この設計の重要性を理解して、しっかりと時間を確保することです。

　この設計フェーズを通して、自社のことや商品のことなど、今回のWebサイトに関わることとしっかりと向き合うことが大切です。

制作フェーズ

　設計した内容をもとに、ここでは「デザイン」「実装」「テスト」という3つの工程を進めていきます。この段階では、それまでの計画が目に見える形になっていく、わくわくする時期であり、イメージするWebサイトをいちばん「作る」フェーズです。

デザイン

　まずはサイト全体の印象を決める「メインビジュアル（キービジュアル）」を作ります。これは単なる見た目の問題ではなく、サイトを訪れた人（ターゲット）に最初に伝えたいメッセージを視覚化するという重要な要素です。決まったら、それをもとにFigmaやPhotoshopなどのデザインツールを使ってサイトの各ページのデザインを作っていきます。特にFigmaというツールをメインで使用する会社が増えてきており、ブラウザ上でリアルタイムにデザインの確認や修正が柔軟にできるようになっています。

実装

　デザインしたものをもとに、HTMLやCSSなどのコードに書き換えて、実際のサイトとして動くかたちにしていきます。ここ数年でWeb制作の現場は大きく変化しており、デザインツールで作ったものを自動でコードに変換するツールや、コードを書かなくてもサイトが作れる「ノーコード」のツールも増えてきています。

　従来は、デザイナーがデザインを作って、その後でコーダー（エンジニア）が実装するという分業スタイルが一般的でしたが、最近ではデザイナーが実装

2

2-1 プロジェクト全体の流れ

まで行うケースも増えています。たとえばカロアでも、ほとんどのケースでデザイナーが実装まで担当します。そうすることで、伝達のための時間やコストを減らし、その分を設計やデザインに使うことで、より効果的なサイトを作ることができています。デザインの意図を理解している人が実装まで行うことで、細かいニュアンスを意図通りに仕上げることができます。

テスト・公開

制作したサイトを検証環境で確認して、エラーがないかチェックします。ここでは技術的な確認だけでなく、実際にサイトを使う人の目線で、使いやすさやわかりやすさもチェックします。

特に注意したいのが、自社での確認プロセスです。広報チームや経営層などステークホルダーには事前にスケジュールを共有し、しっかりと確認時間を確保しましょう。「公開直前に大幅な修正が入る」というのはよくあるトラブルのひとつです。また、制作会社によってテストする項目が異なるので、どんなテストを行うのか、何を確認するのか、事前に確認しておくことをおすすめします。

公開時には、ドメイン設定やサーバ環境構築なども行います。これらは技術的な部分なので、パートナー会社に任せることが多いと思いますが、管理者情報やパスワードなどは確実に引き継ぎを受けておきましょう。

公開後は実際のサイトで改めてミスがないか確認します。検証環境と本番環境は基本的に同じはずですが、まれに違うこともあるので、念のため全体的に確認するのが安心です。

最後に忘れてはいけないのが、アクセス解析ツールの設定です。これがないと、サイトがちゃんと機能しているかどうかを判断することができません。

運用フェーズ

さて、ここまでくれば一段落……と思いきや、実はここからが本当の始まりです。Webサイトは「作って終わり」ではなく、継続的に育てていくものだからです。

短期の広告用ランディングページならそこまで考える必要はありませんが、

通常の企業サイトは何年も運用していくものです。その間、コンテンツの更新を行ったり、ユーザーの行動を分析しながらサイト内の調整を行ったり、時には新しい機能を追加したりしていきます。

運用の方法は大きく分けて「自社で行う」または「パートナー会社と一緒に行う」の2つがあります。ここでいちばんおすすめなのは、うまく役割分担をすることです。たとえば、お知らせの更新や軽微な文言修正は自社で行い、戦略立案や大きめの改修はパートナー会社と一緒に進める、というようなかたちです。

よくあるかたちとして、すべての運用を「保守運用費」として制作会社に任せるというパターンがあります。確かに安心感はありますが、小さな更新の度に依頼を出さないといけなかったり、その内容をまとめるのに時間がかかったりと、意外と手間や費用がかかることも多いです。

そのため、最近ではノーコードツールやCMSなどを使って、できるだけ社内でできることは内製化し、専門性が必要な部分だけをパートナー会社に任せるかたちが増えてきています。これなら、スピーディーな更新と専門的なサポート、両方のメリットを活かせます。

ポイントは、この運用体制を制作段階から考えておくこと。「とりあえず作って、運用は後で考えよう」ではなく、最初から運用のしやすさを設計に組み込んでおくことで、ずっと使いやすいサイトになります。

2

2-1
プロジェクト全体の流れ

2-2 プロジェクトに関わる人と、その役割

Webサイト制作にはさまざまな人たちが関わります。その役割を知っておくとプロジェクトの理解が深まり、円滑なコミュニケーションにつながります。ここではそれぞれの役割を見ていきましょう。

プロジェクトに関わる専門家たちを知ろう

　前章1-1でお話したように、Webサイトを作ることには意外と多くの人が関わっています。初めてWebサイトを作る方には「デザイナーが作るんじゃないの？」と思われがちですが、実際にはそれぞれの専門家たちがチームとなってプロジェクトを進めていきます。

　まずは、どんな人たちが関わるのか、それぞれの役割は何なのかを理解しておくと、コミュニケーションが格段にスムーズになります。大切なのは、これらの専門家たちは単なる「作業する人」ではなく、プロジェクトの成功に向けて専門性を活かしながら一緒にコラボレーションしていくパートナーだということ。そういう意識を持って接すると、より良い関係が築けます。

プロジェクトマネージャー：プロジェクトの舵取り役

　いちばん頻繁にやり取りするのが、この「プロジェクトマネージャー」という存在です。プロジェクト全体の要として、人やお金の管理から、スケジュール管理、品質管理まで、すべてを見渡す重要な役割を担っています。

　プロジェクトマネージャーは依頼側の要望を理解し、それを実現可能なかたちに整理して、デザインチームのメンバーのアサインから目標達成まで、プロ

ジェクトの成功に対しての責任を負います。コミュニケーションにおいても発注者とデザインチームの橋渡しをする中心人物、まさにプロジェクトの舵取り役です。

そのため、プロジェクトマネージャーのスキルや経験によってプロジェクトの進み方は大きく変わってきます。

ディレクター：制作の指揮官

制作物（Webデザインプロジェクトの場合はWebサイト）の品質担保への責任を持つのが「ディレクター」です。プロジェクトマネージャーからプロジェクトの費用、スケジュールなどの要件がディレクターに共有されます。アートディレクターやテクニカルディレクターをまとめ、制作物全体の方向性を進行管理を含めた品質担保を担います。

見積もりの中に「ディレクション費」という項目があったら、ここはできるだけ削らないようにしましょう。ぱっと見、この部分はいちばん削りやすそうに感じます。「自分たちが指示を出すからいいよ」「自分たちが大枠の設計をするから、あとはいい感じにデザインしてよ」と考えて削ってしまうと、ディレクターがプロジェクトに割ける時間が減ることになり、結果的に品質に影響が出てしまいます。

また、3ヶ月程度の小規模なプロジェクトの場合、コストを抑えることを目的にディレクターとプロジェクトマネージャーが兼任されることもあります。

アートディレクター：ビジュアル面のリーダー

制作物のデザインや写真などのビジュアル面の責任者です。ディレクターが制作物の設計を主な役割とするのに対し、アートディレクターはブランドの世界観やユーザー体験といった抽象的な要件を具体的なビジュアルへと落としこむ役割を担います。

小規模なプロジェクトではデザイナーが兼務することも多いですが、大きなプロジェクトになると経験豊富なベテランデザイナーが担当することが多いです。

テクニカルディレクター：技術面のリーダー

システムやプログラムなど、技術的な部分の責任者です。「どんな技術を使

うか」「どうやって実現するか」といった技術的な設計や進行を担当します。

こちらも規模によっては実装担当者が兼務することもありますが、大規模なプロジェクトでは専任のテクニカルディレクターが付くことも。特に複雑なシステム連携やセキュリティ対策が必要な場合は、テクニカルディレクターの存在が重要になってきます。

デザイナー：クリエイティブの実現者

実際のデザイン作業を担当する人です。「デザイナー」と一言で言っても、実はさまざまな専門性があります。「Webデザインが得意な人」「グラフィックデザインが専門の人」「UIデザインに強い人」「アニメーションが得意な人」「イラストを使った表現が得意な人」「情報設計が得意な人」などです。

デザイナーって、なんだか不思議な人、怖い人というイメージを持っている方もいるかもしれません。あるいは「お願いすれば何でもいい感じにしてくれる魔法使い」みたいなイメージもあるかもしれません。でも実際は、それぞれの得意分野を持った専門家です。たとえば筆者もデザイナーとして活動していますが、イラストはまったく描けません。そのかわり、情報設計とUIデザインには自信があります。このように、デザイナーにも得意不得意があることを理解しておくと、より適切な期待値でコミュニケーションができます。

エンジニア／コーダー：Webサイトとして形にする職人

デザインを実際のWebサイトとして形にする人です。一般的には「コーダー」と呼ばれることが多いです。デザインカンプ（完成図）をもとに、HTMLやCSSなどを使って実際に動くWebサイトを作り上げていきます。

最近ではデザイナーがノーコードツールなどを使用して自身でコーディングまで行うケースも増えてきていますが、複雑な機能や大規模なシステムになると専門のエンジニアが必要になってきます。

また、プロジェクトの内容によっては、ライター（文章を書く人）やフォトグラファー（写真を撮影する人）など、その他の専門家が加わることもあります。

デザイナーの種類

　前述の「デザイナー」という職種は、他と比べて少し独特であり、難しい部分があるので詳しく紹介します。最近は「デザイナー」という言葉の使われ方がどんどん広がっています。サービスデザイナーやビジネスデザイナー、UXデザイナーなどなど、従来の「ビジュアルを作る」というイメージを超えて、「思考する」という領域も増えてきました。

　Webサイト制作のプロジェクトでは、主に「デジタル系」のデザイナーと関わることになります。ここでは、プロジェクトを一緒に進めていくうえで知っておくと役立つ、デザイナーの種類や特徴について紹介していきます。実はデザイナーは大きく5つの領域に分かれています。

1) グラフィック系のデザイナー

　印刷物を中心としたビジュアルデザインを手がけます。会社案内やパンフレット、チラシ、雑誌、ポスターなど、紙媒体の制作のプロフェッショナルです。最近では印刷物だけでなく、SNSの投稿用画像なども手がけることが増えてきました。

2) デジタル系のデザイナー

　WebサイトやアプリのUIなど、デジタルプロダクトのデザインを担当します。Webサイト制作で主に関わるのがこの領域です。以前はグラフィック系とデジタル系は明確に分かれていましたが、最近では両方の知識を持つデザイナーも増えてきています。

3) 空間系のデザイナー

　建築やインテリア、展示会場のデザインなどを手がけます。実際の空間をデザインする専門家たちです。店舗デザインやオフィスデザインなどもこの分野に含まれます。

4) プロダクト系のデザイナー

　実際の製品や商品のデザインを行います。家具や家電、文具など、私たちの

身の回りの物をデザインする人たちです。最近では3Dプリンタなどの技術の進歩により、より柔軟なものづくりが可能になっています。

5）思考系のデザイナー

サービスやビジネスモデル自体をデザインします。最近特に注目されている領域で、ユーザー体験全体を設計する人たちです。たとえばサービスデザイナーやUXデザイナーがこの分類に入ります。

1つの分野をずっとやってきた人もいれば、横断的にやっている人もいます。筆者はもともと空間系のデザイナーで、図面などを書いていました。そこからデジタル系のデザイナーに変わり、アプリやWebサイトといった領域を担当するデザイナーになっています。

デジタル系デザイナーの特徴

Webサイト制作で関わる「デジタル系」のデザイナーにも、実はいろいろな個性があります。大きく分けると、「アート系」と「ロジック系」という2つのタイプがいます。これはどちらか一方しかできないというよりは、どちらかに強みを持っているという意味合いです。

アート系デザイナーは、クリエイティブな表現を得意とする人たち。いわゆる美術大学出身の方が多く、ゼロからビジュアルを生み出すことが得意です。直感的なデザインや、感性に訴えかけるような表現が特徴です。たとえば「印象的なメインビジュアルを作ることができる」「イラストや写真を効果的に使った表現ができる」「ブランドの世界観を視覚的に表現できる」といった特徴があります。

ロジック系デザイナーは、論理的な思考に基づいてデザインを組み立てる人たち。既存のデザイン要素を効果的に組み合わせ、使いやすいデザインを生み出すことが得意です。たとえば、「情報設計が得意」「ユーザビリティを重視したUIデザインができる」「データに基づいた改善提案ができる」といった特徴があります。

ここで大切なのは、どちらが優れているということではなく、プロジェクトの目的に合わせて適切な人を選ぶということ。たとえばブランドイメージを大

切にしたい場合は「アート系デザイナー」の方が適している可能性があり、難しい情報をわかりやすくしたい場合は「ロジック系デザイナー」が適している可能性があります。

デザイナーとのコミュニケーションのポイント

デザイナーの種類を知ったところで、実際のコミュニケーションでも気をつけたいポイントがあります。

まず、「デザイナー＝絵が描ける人」というような思い込みは避けましょう。前述の通り、デザイナーにもそれぞれ得意分野があります。「いい感じに描いて」という曖昧なオーダーではなく、「どんな課題を解決したいのか」「どんな効果を期待しているのか」をしっかり伝える方が、より良い結果につながります。

また、デザイナーの多くは「なぜそうしたのか」という理由を持ってデザインを作っています。「なんとなく気に入らない」というフィードバックではなく、「このターゲットユーザーにとって、ここがわかりにくいかもしれない」というような、具体的な文脈のあるフィードバックの方が建設的な議論につながります。

デザイナーを、「作業する人」ではなく、「課題を一緒に解決するパートナー」として捉え、コミュニケーションをとっていくことで、より良いプロジェクトになっていきます。

デザイン会社の3つのタイプ

「良さそうなデザイン会社を見つけたけど、本当にここで大丈夫かな……」デザイン会社選びで、こんな不安を感じたことはありませんか？　前章の最後に少し触れたように、デザイン会社選びは単に「良い会社」を探すのではなく、「自分たちに合った会社」を見つけることが大切なのです。

価格や実績だけで選ぶのではなく、その会社の得意分野や、一緒に仕事を進めるスタイルが自社に合っているかを見極めていく必要があります。ここでは、

デザイン会社の種類と、パートナー選びのポイントについてお話ししていきます。

1) オールラウンド型：何でもできる総合商社

　大手のWeb制作会社に多いタイプです。企画から運用まで、Webサイトに関わるすべての行程を一貫して提供できるのが特徴です。

　大規模なサイトリニューアルや、複数サイトの統合といった大きなプロジェクトを得意としています。また、長期的な伴走支援も可能で、安定した運用体制を提供できるのも強みです。社内にさまざまな専門家が揃っているので、プロジェクト管理もしっかりしています。

　このタイプの会社は、自社のプロジェクトが「今は小規模でも、将来的には大きく育てていきたい」という場合や、「安定感のある会社に任せたい」という場合に特に力を発揮します。ただし、その分費用は比較的高めになりがちです。また、小さな改修だけをお願いするには少しオーバースペックかもしれません。

2) 専門特化型：その道のプロフェッショナル

　特定の分野に特化した会社です。その専門性によって、大きく4つのタイプに分かれています。

▶ **ブランディング特化型**：「うちの会社って、何を強みにすればいいんだろう？」「どうやったら自社の良さを伝えられるんだろう？」こんな悩みから一緒に考えてくれる会社です。ブランド戦略の立案から、ビジュアルアイデンティティ（VI）の構築まで、一貫したブランディングを提供してくれます。会社の強みが見えづらい場合や、新しいサービスを立ち上げたい時、あるいは社内の価値観を整理したい時に特に力を発揮します。彼らの強みは、曖昧な想いを具体的な形にできること。一緒に考えながら、あなたの会社らしさを見つけ出してくれるはずです。

▶ **クリエイティブ特化型**：デザインの質にとことんこだわる会社です。思わず「おお！」と声が出るような大胆なビジュアルや、印象に残るインタラクティブな表現が持ち味です。一般的なデザイン会社としては、この領域

がいちばん多いかもしれません。とにかくカッコいいサイトを作りたい時や、他社と差別化できるデザインが欲しい時に頼りになります。また、ユーザーの心を掴むビジュアルで、ブランドの世界観を表現することも得意としています。

▶ **テクノロジー特化型**：デザイン会社というよりも、制作会社の中で特に技術力が売りの会社を指します。最新技術を使ったサイト制作や、サイトの表示速度の最適化、他のシステムとの連携など、技術的な課題解決が強みです。ECサイトの構築や、社内システムとの連携が必要な場合、特殊な機能の実装やセキュリティを重視したいケースで、その真価を発揮します。技術選定から運用まで、専門的な知見を活かしたアドバイスがもらえるのも心強いポイントです。

▶ **マーケティング特化型**：デザイン会社というよりも、制作会社の中で特にマーケティングなどが売りの会社を指します。クリエイティブによる表現というよりも、マーケティング目線で成果をあげるための提案が強みです。感情に訴えかけるようなデザインよりも、論理的に伝えるようなサイトを制作しているケースが多いため、BtoB領域で事業を行っている場合におすすめです。

3）業界特化型：その業界を知り尽くしたスペシャリスト

　特定の業界に特化した会社です。その業界特有の課題やニーズを深く理解しているので、「うちの業界ならでは」の悩みもすんなり理解してもらえる可能性が高いです。

　たとえば、医療・福祉系に特化した会社は、厳しい業界規制への理解があり、安心感のあるデザインとアクセシビリティへの配慮が自然と備わっています。不動産・建築系なら、物件情報を効果的に見せる工夫やCG・VR技術の活用、そして見学予約につながる集客導線の設計が得意。教育系であれば、学校特有の情報設計や親しみやすい表現、入試情報を管理しやすい仕組みづくりのノウハウを持っています。

パートナーシップのスタイルも大切

　会社の種類に加えて、「どんな風に一緒に仕事を進めていくか」というスタイルの違いも重要です。大きく分けると２つのアプローチがあります。

1）伴走型：一緒に考えていくスタイル
　まるで社内メンバーのように密接に協働しながら進める会社です。頻繁にコミュニケーションをとりながら、方向性を一緒に考えてくれます。また、社内の合意形成のサポートもしてくれるので、プロジェクトを通じて組織全体の理解も深まっていきます。

「これから何を作っていけばいいのか」が明確でない場合や、社内の理解を深めながら進めたい場合に心強いパートナーになってくれます。ただし、その分のコミュニケーションコストは必要になりますので、スケジュールや予算には余裕を持たせておくことをおすすめします。

2）自走型：効率重視のスタイル
　与えられた要件を効率的に実現していく会社です。明確な進行計画を立て、効率的な制作プロセスで、安定した品質の成果物を届けてくれます。

　要件が明確な場合や、スピードとコスト効率を重視する場合は、このスタイルが向いています。ただし、要件が曖昧だと期待通りの結果にならない可能性もあります。発注側でしっかりとした要件定義ができる体制が必要になります。

パートナー選びで大切にしたいこと

　実際のパートナー選びでは、まず課題解決力を見ていきましょう。実績の数よりも、自社の課題に対する理解度と解決策の提案力が重要です。

　次に注目したいのが、コミュニケーション力です。最初の打ち合わせでの対応、特に話を聞く姿勢や、こちらの意図を理解しようとする態度は、その後の協働の質を左右する重要な指標となります。

　予算面では、見積もりの詳細を確認し、何にお金がかかるのか、追加コスト

が発生する可能性があるのかをしっかり確認することが大切です。また、実際に携わるメンバーは誰なのか、どんなスキルを持っているのかという体制の確認も忘れずに。

　そして最も大切なのが、価値観の共有です。単なる受発注の関係ではなく、同じゴールに向かって進めていけるパートナーとなりうるかどうかを見極めましょう。技術力や実績は重要ですが、それ以上に「一緒に作っていける」と感じられることが、プロジェクトの成功につながります。

　デザイン会社選びは、まるで結婚相手を選ぶよう。お互いを理解し、同じ方向を向いて歩んでいける相手を見つけることが、より良いWebサイトづくりの第一歩となるのです。

2

2-2 プロジェクトに関わる人と、その役割

2-3 デザインに関する共通言語

ここでは、デザインにおけるレイアウト、色、フォントについての基礎知識を紹介していきます。具体的なデザインについて会話をする際の参考にしてください。

デザインの基礎知識

「もっと明るい感じにしてほしい」「インパクトが足りない気がする」「なんとなくしっくりこない」……　デザインについて話し合うとき、こんな感覚的な表現を使ってしまった経験はありませんか？　デザインは感覚勝負な部分もあるので、仕方ないし、筆者も使ってしまうことは多くありますが、実は<u>デザインには共通言語がある</u>のです。この言語を少しだけでも知っておくことで、制作会社とのコミュニケーションが格段にスムーズになります。

　1-2でお話したように、デザインは「センス」や「感覚」の問題ではありません。明確な理論や原則があります。まずは基本的な要素から見ていきましょう。

レイアウトについて

　まず、レイアウトを考えるときの基本は、「余白」「グリッド」「リズム（配置）」です。たとえば、窮屈に感じるデザインは余白が足りていないことが多いです。また、情報の重要度に応じて適切に余白を設けることで、自然と視線の流れを作ることができます。

　グリッドは目には見えない縦横の線で、これを使うことで整然としたデザイ

ンが作れます。新聞や雑誌のレイアウトを思い浮かべてみてください。あの整然とした美しさは、グリッドという基準があってこそです。

それから、意外と見落としがちなのが「リズム（配置）」です。同じような要素を繰り返し使ったり、大小の配置を工夫したりすることで、ページ全体に心地良い調和が生まれます。

色について

色は、見た人が受ける印象にとても大きく影響します。そのため、デザイナーに色についてのお願いや指定をする場合のために、色の基礎知識を知っておきましょう。

まず、色には3つの要素があります。「色相」「彩度」「明度」です。色相は赤や青といった色の種類、彩度は色の鮮やかさ、明度は色の明るさを表します。

また、色の組み合わせにも法則があります。似た色を組み合わせると落ち着いた印象に、反対の色を組み合わせると活気のある印象になります。ブランドカラーを決めるときは、こういった色の特性も考慮に入れるとよいでしょう。

色選びで気をつけたいのは、見る人や環境によって色の見え方が変わることです。たとえば、お年寄りには青と緑の区別がつきにくかったり、スマートフォンとパソコンでは同じ色でも違って見えたりします。だからこそ、誰にでも見やすい配色を心がけることが大切です。

フォントについて

フォントは文字の「服装」のようなものです。同じ文章でも、フォントが変わるだけで印象がガラッと変わります。特にWebサイトにおいては、文字の印象がすべての印象を決定づけると言われているくらい重要な要素です。フォントの選び方や基礎知識を押さえておきましょう。

まず、日本語フォントについて大きく分けると「明朝体」と「ゴシック体」があります。明朝体は筆で文字を書いた時のような「はね」「はらい」などがあり、伝統的で格式のある印象となるフォントです。反対に、ゴシック体は均一的な太さで書かれているため、モダンでクリーンな印象を与えます。

欧文フォントでは、日本語フォントの明朝体を「セリフ体」、ゴシック体を「サンセリフ体」といいます。明朝体のような印象のものは、「セリフ」と呼ばれている飾りがついているため「セリフ体」と呼ばれます。逆にセリフのない（サ

ン）のがサンセリフ体となります。

　手書き風や流行のデザインフォントなども多く作られていますが、意図が明確でない場合は基本的には「ゴシック体」ないし「サンセリフ体」を使うのが安全です。

　また、フォントサイズも重要です。長い文章を読むときは14〜16ピクセルくらいが読みやすいとされています。また、スマートフォンで見たときの読みやすさも考慮する必要があります。

　見出しと本文で異なるフォントを使うこともありますが、その場合は「フォントの相性」を考える必要があります。相性の良くないフォントの組み合わせは、ページ全体の統一感を壊してしまいます。

これらの知識をどう活かすか

　ここまで説明してきた要素は、実はすべてユーザー体験（UX：User Experience）に直結しています。たとえば、適切な余白があると情報が読みやすくなり、色の使い方が上手いと重要な情報に自然と目が向きます。

　ただ、これらの知識は「自分でデザインをする」ためではなく、「デザイナーと対話をする」ための共通言語として覚えておくとよいでしょう。「なんとなくしっくりこない」という感覚を、「ここの余白が狭くて窮屈に感じます」「この色の彩度が高すぎて落ち着きがないように思います」というように、具体的に伝えられるようになるのです。

　また、これらの基礎知識があると、デザイナーからの提案の意図も理解しやすくなります。「なぜこのようなデザインにしたのか」という理由を理解することで、より建設的な議論ができるようになります。

　デザインの共通言語を知ることは、単にコミュニケーションを円滑にするだけでなく、より良いWebサイトを作るための大切な要素となるのです。

$2-4$ Webサイトに関する共通言語

「サーバって何？」「ドメインとURLの違いがよくわからない」「CMSって本当に必要なの？」 こんな疑問を持ったことはありませんか？ 基本的な仕組みを理解しておくと、プロジェクトの進行がスムーズになります。

ドメインとURLの関係について理解しよう

ドメインは、簡単に言うとWebサイトの「住所」のようなものです。カロアが運営するサイトでは、「caroa.jp」といったかたちで表される文字列のことです。世界中でそのサイトだけの、ユニークな住所になります。

よく「co.jp」「com」「jp」のようなドメインの種類について聞かれますが、これは見栄えなので正直そこまで深く理解しておく必要はないです。一番Webサイトの構造を考える時に覚えておいてほしいことが、「サブドメイン」と「サブディレクトリ」という2つの言葉です。既存のサイトがあって新しくサイトを作る時に、これらは制作会社との会話で使われます。

サブドメインは「design.caroa.jp」のように、メインのドメインの前に文字列を追加する方法です。一方、サブディレクトリは「caroa.jp/design」のように、ドメインの後にスラッシュで区切って追加する方法です。

どちらも新しくドメインを取得する必要はなく、caroa.jpというドメインから派生したものにはなりますが、明確に役割は異なります。

サブドメインは別サーバで運用することができるので、自由度があります。たとえばcaroa.jpをWordPressで運営して、design.caroa.jpをStudioのようなノーコードツールで運用するといったかたちで、ツールやサーバなどの棲み分

けができます。そのため、管理を分けたい採用サイトやブログなどのメディアで多く使われます。デメリットとしては、メインサイト（caroa.jp）とは別サイトとして認識されるため、SEOの恩恵を受けにくい傾向があります。

一方で、サブディレクトリはメインサイトの一部（下層）として認識されるためSEOには有利ですが、サーバを分けるなどの構成の自由度はあまりないです。そのため、主なコンテンツがメインドメインと同じだったり、サーバを分ける必要がない場合は、基本的にはサブディレクトリがおすすめです。

コーディングとノーコード、それぞれの特徴

従来のWebサイト制作では、HTMLやCSS、JavaScriptといった言語を使って、一つひとつコードを書いていきます。これを「コーディング」と呼びます。

コーディングによる制作のメリットは、細かいカスタマイズが可能で、独自の機能や表現を実現できること。一方、専門的な知識が必要で、制作に時間がかかるという特徴があります。

最近注目を集めているのは、コードを書かずにWebサイトが作れる「ノーコード」というアプローチです。StudioやWix、Webflowといったツールを使うことで、専門的な知識がなくてもWebサイトを作ることができます。

ノーコードツールの特徴は、直感的な操作でサイトを作れること。また、レスポンシブ対応（スマートフォンでの表示）も自動的に最適化されるものが多いです。さらに、更新も比較的容易で、内製化しやすいという利点があります。

ただし、細かいカスタマイズには限界があり、独自の複雑な機能を実装することは難しい場合があります。

どちらを選ぶべき？

選択の基準は、プロジェクトの目的や予算、運用方法によって変わってきます。

- ▶ オリジナリティの高い表現や独自機能が必要 → コーディング
- ▶ 早期にローンチして運用しながら改善したい → ノーコード
- ▶ 予算や時間に制約がある → ノーコード

▶ 大規模で複雑な機能が必要 → コーディング

　最近では、この2つを組み合わせるハイブリッドな方法も増えてきています。たとえば、メインのコーポレートサイトは従来のコーディングで作り、キャンペーンサイトやランディングページ、運用が必要な採用サイトはノーコードツールで作る、といった具合です。

サーバとCMSの役割を理解しよう

　サーバはWebサイトの「建物」のようなものです。サイトのデータを保管して、アクセスがあったときに表示する役割を担っています。
　サーバには主に3つの種類があります。小規模なサイトに適した「レンタルサーバ」、大規模なサイトやアクセスの変動に強い「クラウドサーバ」、そして最近増えてきた「SaaS型」のサービスです。SaaS型は、Studioのように、サイト構築サービスに付随するサーバのことを指します。
　サーバ選びで大切なのは、想定されるアクセス数です。たとえば、テレビCMやSNSで話題になることが予想される場合は、急なアクセス増加に対応できるクラウドサーバを選ぶと柔軟に対応ができます。また、ECサイトや個人情報を扱うサイトでは、セキュリティ対策が充実したサーバを選ぶことが重要です。

CMSで実現する更新のしやすさ

　CMS（Contents Management System）は、Webサイトを簡単に更新できる仕組みです。たとえるなら、「内装を自由に変えられる」ような機能です。
　CMSには大きく分けて2つのタイプがあります。WordPressのような従来型のCMSは、サイト全体の管理システムとして機能します。一方、microCMSやnewtのような「ヘッドレスCMS」は、コンテンツの管理に特化し、より柔軟な開発が可能です。
　CMSの選択は、更新の頻度や内容、更新する人のスキルによって変わってきます。お知らせやブログを頻繁に更新するならWordPress等の従来型CMS、システムとの連携が必要ならヘッドレスCMS、となるでしょう。

Webサイトの設計図を理解しよう

サイトマップで全体像を把握

サイトマップは、Webサイトの「見取り図」です。家で言えば間取り図のようなもの。各ページの関係性や階層構造を整理する重要な設計図になります。

サイトマップを作る意義は大きく2つあります。1つは制作時の指針として。ページ数や構造が明確になることで工数や費用の見積もりが正確になります。もう1つはSEO対策として。検索エンジンに正しくサイトの構造を伝えることができます。

また、サイトマップは運用開始後も重要な役割を果たします。新しいページを追加する際の指針となったり、サイトの規模が大きくなった時の整理整頓の基準になったりします。

ワイヤーフレームでページの構成を決める

ワイヤーフレームは、各ページの「設計図」です。家で言えば各部屋の配置図のようなもの。実際のデザインに入る前に「どの情報をどこに配置するか」を検討する段階です。

この段階では、色やフォント、具体的な画像などは後回しにしておき、まずは情報の優先順位や、ユーザーの行動導線を考えることに集中します。たとえば、「お問い合わせボタンはどこに置くと見つけやすいか」「重要な情報は最初に目に入る場所にあるか」といった検討を行います。

ワイヤーフレームの品質は完成後のサイトの使いやすさに直結します。この段階でしっかりとユーザー目線での検討を行うことで、後からの大きな修正を防ぐことができます。

SEOの基礎を理解しよう

SEO（Search Engine Optimization）は、Googleなどの検索エンジンで上位に表示されるようにサイトを最適化することです。その中で特に重要なのが、タイトルとディスクリプション（説明文）の設定です。

タイトルの設定

タイトルは検索結果の見出しとして表示され、クリックされるかどうかを左右する重要な要素です。（2025年1月時点では）文字数は32文字程度（全角）が目安。これ以上長いと検索結果で途中が「...」と省略されてしまいます。

たとえば「社名｜キーワード｜サービス内容」といったかたちで、ユーザーが求める情報を簡潔に示しつつ、検索結果で目立つ文言にすることが大切です。

ディスクリプションの設定

ディスクリプションは検索結果の説明文として表示されます。文字数は80～120文字が目安です。ページの内容を具体的に説明し、ユーザーの求める情報がそのページにあることを伝える役割を果たします。

重要なキーワードを自然なかたちで含めることが大切ですが、同じ単語の過度な繰り返しは逆効果となります。ユーザーに価値を伝えることを意識して設定しましょう。

これらの設定は、サイトの公開後も継続的に改善していくことが重要です。アクセス解析のデータを見ながら、より効果的な文言に更新していくことで、少しずつサイトへの流入を増やしていくことができます。

これらの知識をどう活かすか

ここで紹介した用語や概念は、プロジェクトを進めるうえでの「共通言語」として使っていきます。すべてを完璧に理解する必要はありませんが、基本的な意味を知っておくことで、パートナー会社との打ち合わせがスムーズになります。

たとえば、「サーバの種類によって何が違うんですか？」「このページはCMSで更新できるようにした方がいいでしょうか？」といった具体的な質問ができるようになります。これにより、より良い選択肢を一緒に考えることができるようになるのです。

技術的な部分は専門家に任せつつ、判断に必要な基礎知識を持っておく。それが、より良いWebサイトを作るための近道となります。

2-5 進行のポイント

Webサイト制作はマラソンのようなものです。ゴールまでの道のりは長く、時にはペースが上がったり下がったりします。でも、きちんとした準備と適切なペース配分があれば、必ずゴールにたどり着けます。ここでは、プロジェクトを成功に導くための重要なポイントをまとめます。

無理のないスケジュールを組む

「来月のイベントに間に合わせたい」「できるだけ早く公開したい」……　焦る気持ちはわかります。でも、急いで進めすぎると、後で大きな手戻りが発生したり、品質が低下したりするリスクがあります。

良いスケジュールを組むコツは、後ろから逆算して考えることです。たとえば、公開予定日から逆算して、テストの期間、デザインの期間、設計の期間を確保していきます。そして、それぞれの工程に「バッファ」という余裕を持たせることが大切です。

特に気をつけたいのが、社内での確認や承認にかかる時間です。担当者の確認だけでなく、部門長や役員の承認が必要な場合は、その人たちのスケジュールも考慮に入れる必要があります。「確認待ち」で予定が大幅に遅れるというのはよくあるケースです。

承認後の変更は慎重に

「もう少しここを直したい」「やっぱりこっちの方が良いかも」……　デザイ

ンや構成を承認した後で、こんな思いが浮かぶことはよくあります。でも、この段階での変更はスケジュールの遅れやコストの増加につながる可能性が高いです。

なぜなら、Webサイトは各要素が密接に関連しているから。1つの変更が他の部分にも影響を及ぼすことがあります。たとえばトップページのデザインを変更すると、下層ページのデザインも修正が必要になるかもしれません。

だからこそ、承認の前には十分な検討を。その時点での判断材料を最大限活用して、しっかりと考えを固めることが大切です。もし承認後に変更が必要になった場合は、その影響範囲とスケジュールへの影響度合いを確認してから判断しましょう。

納得できないときは声に出す

「何となくしっくりこない」「でも、専門家が言うんだから……」、こんな風に思うことがあっても、黙っていてはいけません。その違和感は実はとても大切なサインかもしれないのです。

プロのデザイナーやエンジニアは確かに専門家ですが、あなたの会社のことをいちばんよく知っているのは、他でもないあなた自身です。だからこそ、「なぜそう感じるのか」を言葉にして伝えることが大切です。

ただし、建設的な対話を心がけましょう。単に「気に入らない」ではなく、「このターゲット層には少し難しい表現かもしれない」「こういう使い方をするユーザーには不便かもしれない」というように、具体的な理由とともに伝えると良いでしょう。

早め早めのコミュニケーションを

「ちょっとした確認だから、後で伝えよう」「この程度なら、まとめて報告しよう」、こんな風に思ってコミュニケーションを後回しにしていませんか？実は、小さな確認事項こそすぐに共有することが大切なのです。

なぜなら、Web制作は工程が連続しているから。1つの判断の遅れが後工程

に大きな影響を与える可能性があります。たとえばちょっとした文言の変更でも、デザインのレイアウトが崩れたり、スマートフォンでの表示が乱れたりすることがあります。

　また、早めの共有には別のメリットもあります。それは、パートナー会社との信頼関係の構築です。小さな事でも相談できる関係性があると、大きな課題が発生した時でもスムーズに対応できます。

デザインのプロセスに積極的に参加する

「デザインはプロにお任せ」「技術的なことはよくわからないし……」、こんな風に思ってプロセスへの参加を遠慮していませんか？　実は、あなたの参加がプロジェクトの成功には欠かせないのです。

　なぜなら、Webサイトは技術やデザインだけでなく、ビジネスの目的やユーザーのニーズを満たす必要があるから。その部分はまさにあなたがいちばんよく知っているはずです。

　たとえば設計段階での情報提供や、デザインレビューでのフィードバック。これらは、より良いサイトを作るための重要な要素になります。遠慮せずに、むしろ積極的に意見を出していきましょう。

　プロジェクトの成功は、依頼者とパートナー会社の二人三脚で実現するもの。お互いの強みを活かしながら、一緒により良いものを作っていきましょう。

2-6 お金の話

いよいよ、気になるお金の話です。Webサイト制作のどの部分にどれくらい費用が発生するのか、基本的なことを押さえて予算策定に活かしてください。

Webサイト制作の費用は幅広い

「相場ってどのくらいなんだろう？」「この見積もりは高いのかな？」「どうして会社によって金額に差があるの？」……　Webサイト制作の費用について、こんな疑問を持ったことはありませんか？　確かに金額の話は難しいものです。でも、お金の使われ方を理解しておくと、適切な予算配分や見積もりの評価がしやすくなります。

　また、もし複数社に見積もりの依頼をしたことある方であれば、「同じようなサイトなのに、なぜこんなに見積もり額に差があるんだろう？」と思ったことがあるかもしれません。たとえば、3社から同じ要件で見積もりを取得したところ、A社が50万円、B社が150万円、C社が400万円と異なる金額になってしまったとします。実は、これはとてもよくある話です。Webサイト制作の費用は本当に幅が広いのです。高ければ良いのか？　安ければダメなのか？そんな単純な話でもありません。ここでは、現場の実態に基づいて、お金の話を詳しく見ていきましょう。

何にお金がかかるのか

Webサイトにかかる費用は、大きく「設計費」「制作費」「運用費」に分けられます。家を建てることにたとえると、設計費は家を建てる前の土地調査や建築プランの検討のような、戦略を立てる部分です。制作費は実際の建築費用、運用費は住み始めてからの光熱費や修繕費のようなものです。

設計費は、実際の制作に入る前の戦略設計やプロジェクトの方向性を決める重要な段階です。ターゲットユーザーの分析や、目的達成のための導線設計、コンテンツの構成など、プロジェクトの成功を左右する土台となる部分の費用です。決まったものに表面のスタイリングやコーディングのみを作業としてお願いする場合はこの部分は必要ありませんが、パートナー会社と一緒にWebサイトを作るうえでは必ず必要な部分となります。

設計費と制作費は、新しくサイトを作る時や大きなリニューアルの際に一度だけ発生する費用です。そのため比較的高額になりがちです。一方、運用費は公開後に継続的にかかっていく費用で、毎月もしくは年単位での支払いになります。

このように、費用の性質が異なるため、予算を検討する際は初期費用（設計費・制作費）と運用費用を分けてどれくらいかかるかを考えることが大切です。

それぞれの費用は一見シンプルに見えますが、実際にはさまざまな要素で成り立っています。次に、それぞれの費用が何を含んでいて、なぜ必要なのかを細かく見ていきます。

設計費の内容

設計費は、Webサイトを作る前の「設計フェーズ」での費用です。現状分析から始まり、ターゲットの検討、目標の設定、それらを達成するための戦略立案など幅広く含まれます。

たとえば、「なぜWebサイトを作るのか」「誰に何を伝えたいのか」「どうやって成果を出していくのか」といった根本の部分を固めていきます。この部分にしっかりと時間をかけることで、後の工程がスムーズになり、より効果的なサ

イトを作ることができます。

設計費の算出方法には、大きく分けて「準委任契約」と「請負契約」の2つのパターンがあります。

準委任契約の場合は、決められた期間内でパートナー会社の知見を活かしながら最適な設計を目指していきます。たとえば、月間の工数（時間）を決めて進行し、その実績に応じて費用が決まります。この方法のメリットは、プロジェクトの進行に応じて柔軟に方向性を調整できることです。ただし、やることによっては長期間になるので、想定より高額になってしまう可能性があります。

一方、請負契約の場合は、最初に決められた成果物に基づいて進めていきます。具体的な設計書やサイトマップ、ワイヤーフレームなど、納品物を明確に定義して進行します。この方法は、予算と成果物が明確になるメリットがあります。ただし、途中で大きな方向性の変更は難しくなります。

制作費の内容

制作費は、「制作フェーズ」におけるデザインと実装、そしてそれらを管理するディレクションにかかる費用です。実際にWebサイトを形にしていく重要な工程で、主に以下のような項目で構成されています。

ディレクション費

まず基礎となるのが「ディレクション費」です。ディレクターはプロジェクトの指揮官として、要件の整理やスケジュール管理、チームメンバーとの調整など、制作全体を統括する重要な役割を担います。基本的にはWebサイトの成功はディレクターの力によるものが大きいです。

▶ **ディレクション費予算削減にありがちな失敗**：ある企業では、予算削減のために、自社で行うとしてディレクション費を最小限に抑えたところ、メンバー間の認識齟齬が発生し、デザインの手戻りが何度も発生してしまい、結果的に制作期間が1ヶ月以上も延長して追加費用が発生しました。簡単なように見えて実は難しいポジションのため、安易なディレクション費用

の削減は、プロジェクト全体の質の低下につながったり、最終的な費用の
コストアップにつながる可能性もあります。

デザイン費

「デザイン費」は、サイトのビジュアルや体験を作っていく工程です。ただし、
これは単なる見た目の美しさを作るわけではなく、ブランドイメージの視覚化
や使いやすさの考慮など多岐にわたる検討が必要になります。

▶ **デザイン費予算削減にありがちな失敗**：デザイン費用を削減したいと考え
  て、テンプレートを使用してかつデザイナーの稼働を最小限にしようとし
  たところ、確かに初期費用は抑えられましたが自社の独自性を出すことが
  できず、競合他社と似たようなサイトになってしまい、結局半年後に再度
  リニューアルを行うことになってしまいました。

実装費

「実装費」は、デザインされたサイトを実際に動くものにする工程です。
HTMLやCSSによるコーディング、CMSの導入、各種機能の実装など、技術
的な作業が中心となります。サイトの更新のしやすさやセキュリティ面の考慮
も必要です。また、近年ではStudioをはじめとしたノーコードツールが普及
したことにより、この実装費用を抑えるような会社も増えてきています。筆者
の会社カロアでも、制作するWebサイトの8割以上をStudioで制作すること
で実装費や実装期間を3〜6割程度削減しています。ただし、ノーコードツー
ルには制約もあるので、導入する際はメリット・デメリットを事前に確認しま
しょう。

▶ **実装費予算削減にありがちな失敗**：実装費用を抑えるために交渉をすると、
  経験の浅い実装者がアサインされる可能性が高いです。その場合、最低限
  の品質は担保されますが、どうしても担保しきれないことがあり、スマー
  トフォンでの表示崩れが起こりやすい実装になったり、改修がしづらい実
  装になっていたりします。そうすると、公開後にユーザーからの問い合わ
  せが増えたり、修正のための追加費用が結局発生してしまい、当初の見積
  もり以外の費用がかかってしまうケースもあります。

上記の費用以外にも、文章や写真、動画などのコンテンツ制作を依頼する場合は「コンテンツ制作費用」が発生します。効果的なコンテンツを作るためには、専門のライターやフォトグラファーなどに依頼をします。近年ではスマートフォンのカメラ性能の向上やAIによるライティング技術の向上によって、コンテンツ費用を削って社内で撮影した写真や制作した文章を載せることも増えてきました。しっかりとした質を担保できるのであれば問題ありませんが、「コンテンツ is キング」という言葉があるように、文章や画像といったコンテンツはWebサイトの胆になる部分なので、可能な限り専門家に依頼することをお勧めします。

　ただし、自社で内製化をしていきたい場合は、コンテンツ制作を自社で行い、パートナー会社にレビューを依頼する（別途費用は発生しますが）などのやり方もお勧めです。

設計費と制作費の予算配分

　ここで重要なポイントがあります。プロジェクトの開始前に、予算の確保のためにデザイン会社から設計費と制作費を含めた見積もりを作成してもらうことが一般的ですが、この時点での制作費はあくまでも概算になることを注意してください。設計を必要としない単なる作業ベースの依頼であれば変動することは少ないですが、実際の制作費は設計フェーズでの検討内容に変わってくるためです。

　設計をしっかり行って初めて「どんな機能が必要なのか」「どんなコンテンツを作るべきか」「どんなページが必要なのか」「どういった動線が効果的か」といった具体的な内容が明確になります。その結果として、当初の概算の制作費から増減します。

　たとえば設計当初、想定していなかったページが必要だとわかれば費用は増額し、逆に不要なページやコンテンツが明確になれば減額する可能性があります。これは決して見積もりが不正確だったということでなく、むしろ設計を通じてプロジェクトの方向性が明確になった結果なのです。

　そのため、予算を確保する際は、設計と制作の予算配分をデザイン会社と慎

重に検討することが重要です。特に制作費については、設計後の変更に対応できるよう、ある程度余裕を持った予算枠を設定しておくことをお勧めします。

運用費の内容

運用費は、サイトを公開した後に継続的にかかる費用です。Webサイトは公開してからが本番です。しっかりとした運用体制を整えることで、サイトの価値を維持・向上させることができます。

インフラ費用

まず基本となるのが、サーバやドメインの維持費用です。サイトを公開し続けるために必要不可欠な費用です。

規模の小さいサイトであれば、レンタルサーバで月額数千～2万円、ドメイン費用が年間数千円程度で運用できます。ただし、アクセス数が多いサイトやECサイトの場合は、より高性能なクラウドサーバが必要になり、月額10～30万円以上ほどの費用がかかることもあります。

費用を抑えようと性能の低いサーバを選択したために、アクセスが集中した際にサイトが表示できなくなってしまい、問い合わせや売上の機会を失ってしまったケースもあります。特にキャンペーンやメディア露出時には注意が必要です。

インフラ費用は必ず発生する費用なので、どれくらいの費用が必要になるかはパートナー会社と相談してみましょう。

保守費用

次に重要なのが、サイトを健全に保ち続ける保守運用費用です。定期的なシステムメンテナンスやセキュリティ対策、コンテンツの更新作業などが含まれます。

保守運用は大きく分けて2つの方法があります。自社で行う方法と、パートナー会社に依頼する方法です。自社で行う場合は担当者の人件費を考慮する必要があり、パートナー会社に依頼する場合は月額費用が発生します。

パートナー会社に依頼する場合は、大体1～10万くらいの費用を設定してい

ることが多いです。会社によってその費用の中で更新を何回までしてくれると
か、何時間まで打ち合わせしてくれるとか、いろいろな設定があるので事前に
確認しましょう。

　カロアではこの保守運用はできるだけ自社で行うことを推奨しています。理
由としては、ちょっとした修正でもいちいち指示するためのコミュニケーショ
ンを準備してもらうのはクライアントさんにとって大変でしょうし、こちらも
状況によっては数文字の修正に数日かかることもあるからです。そのため、
ノーコードツールやCMSなど簡易にサイトに触れられるツールを導入して、
自社で運用できる方法を考えてみるのがお勧めです。

運用費用

　サイトの効果を最大限に引き出すためには、アクセス解析と継続的な改善が
欠かせません。アクセス解析ツールの導入・運用や、データに基づいた改善提
案、実際の修正作業などが含まれます。

　効果測定をしないまま運用を続けたために、どのコンテンツが効果があるの
かわからず、的外れな更新を続けてしまい、最終的にサイトのリニューアルが
必要になってしまったという例もあります。

　運用費を適切にコントロールして効果をあげるには、自社でできることと
パートナー会社に依頼することを明確に分けることが重要です。たとえば、

▶ お知らせの更新など日常的な更新は自社で
▶ セキュリティ対策や技術的な保守は専門家に
▶ アクセス解析は自社で基本的な確認をしつつ、専門家による定期的な分析
　を依頼

　このように役割分担を整理することで、必要以上の費用をかけることなく効
果的な運用が可能になります。

　運用費は月々の費用なので、一見負担に感じるかもしれません。しかし、適
切な運用があってこそ設計や制作に投資した費用が活きてきます。サイトの価
値を長期的に維持・向上させるための重要な投資として捉えることが大切です。

実際の費用感を知ろう

各種費用の内容を知ったところで、実際にいくらくらいの費用が必要になるかの参考値を紹介します。プロジェクトの種類や規模、パートナー会社、手段によって変動する可能性もあるので、あくまで参考としてお使いください。

まずは、単発のキャンペーンやプロモーション用のランディングページ (LP) であれば、40〜80万程度が多いです。ただし、原稿の執筆や写真撮影などのコンテンツ制作は別途の場合が多いため、それらが加わるとこの限りではありません。

10ページ前後の小規模なサイトの場合は、100〜400万円程度が目安になります。ここにお知らせ機能やお問い合わせフォームなどが含まれることが多いです。20〜30ページ前後の中規模なサイトの場合は、300〜800万円程度になります。40ページ以上の大規模で複雑なサイトの場合は、800万以上〜数千万になることもあります。

ちなみにページ数とは、記事を入れたら自動で生成されるテンプレートページを1ページとカウントするので、ブログの記事数＝ページ数とはならないので安心してください。

また、Webサイトと一緒にブランディングを行うためには、ロゴ制作費や、ネーミングやキャッチコピー制作のコピーライティング費が追加で発生します。ロゴとコピーライティングは20〜100万程度の場合が多いです。

見積もりに差が生まれる原因

いよいよこのセクションの結論になります。見積もりに対する疑問として「同じようなサイトなのに、会社によって見積もりに差が生まれるのはなぜ？」というのは多くあります。さらに、見積もりが想定よりも高くなる場合も経験があるかもしれません。それは単に制作会社の単価が高いというだけではなく、依頼する側の要望の出し方にも課題がある可能性があります。

見積もりが高額になる大きな要因が、「要件の不明確さ」です。やることが見えなかったり内容が決まっていなければ、不安になり保険をかけるものです。

それはデザイン会社も同じで、「ゴールはそんなに決まっていない」「そんなにイメージはないけどいい感じにすごいものを作ってほしい」といったような抽象的な要件の場合は、どうしてもリスクを考慮してバッファを含んだ安全な金額を提示せざるを得ません。デザイン会社側もビジネスでやっている以上、赤字になることはできないので、想定外の作業が発生することを考慮してバッファ分を加えて金額を見積もります。

また、依頼先の体制や経験値によっても見積もりの金額は変わってきます。フリーランスに頼んだら固定費が基本的に発生しないため、いちばん安価に依頼することが可能です。しかし、豊富な経験値を持つスタッフを多く抱える会社の場合は、固定費であったり、品質管理やプロジェクト管理のための費用などが含まれるので高額になる傾向があります。一方で、経験の浅いスタッフでの対応を前提とした会社の場合は、より低価格な見積もりを出すこともあります。

さらに、アプローチの違いも大きな要因です。オリジナルでのサイト制作を前提とするか、テンプレートを活用するか、コミュニケーションの頻度をどの程度にするかなど、こういった違いが見積もり金額に反映されるので幅が生まれます。

見積もりをどう確認するといいのか

見積もり金額に幅があるのはわかったとして、実際に比較検討するときにはどんな点を見たらいいのでしょう。ここでは見積もりの見方を紹介します。

見積もりを比較検討する際は、各工程の金額だけでなく、その内容をしっかりと確認することが大切です。

まず注目したいのが、各工程の費用が明確に分かれているかどうかです。設計、制作、運用（これは会社によって分け方が違う可能性があります）のそれぞれの費用がしっかりと明示され、その中でどのような作業が行われるかが具体的に記載されているかを確認します。

たとえば「デザイン費一式」といった大きな括りではなく、「トップページデザイン」「下層ページデザイン」といった具体的な内訳があることが望ましいです。

次に重要なのが、作業範囲の確認です。これはいちばんトラブルになるポイントです。打ち合わせは何回行われて、修正は何回まで可能なのか、公開前の

テストの範囲はどこまでなのか。こういった具体的な作業範囲が明確になっているかを確認します。この内容は、見積書ではなく契約書か別の書面に記されていることも多いです。もし、明確化されていない場合は積極的に聞いてみてください。特に気をつけたいのが、どのような場合に追加費用が発生するのか、期間が延長された場合の扱いがどうなるかといった点です。

依頼側としては、できる限り意図しない追加費用は発生させたくないでしょう。一方で、制作会社側もなるべく追加費用は提案したくはありません。お金の交渉は言いづらいものなので、パートナーシップを組んで良い関係を築くうえでは、事前にお互いの責任範囲を明確にしておくのがおすすめです。

また、支払い条件も見落としがちな重要なポイントです。制作会社やデザイン会社の多くは、制作開始時に着手金（前受金）として制作費の50％の支払いを依頼する企業が多いです。そのため、支払い条件や時期はこのタイミングでしっかりと確認しておきましょう。

Part 2

Web制作プロジェクトの実践

Introduction

イントロダクション

Intro　**Part 2の読み方について**

さて、ここからはいよいよ実際のプロジェクトの流れに沿った解説に入っていきます。依頼者・発注側とデザインチームそれぞれがどのような役割を果たし、どのようなプロセスでプロジェクトが進んでいくのか、現場感を取り入れながら解説していきます。

プロジェクトの流れは、2-1で示したように以下のフェーズを進んでいきます。

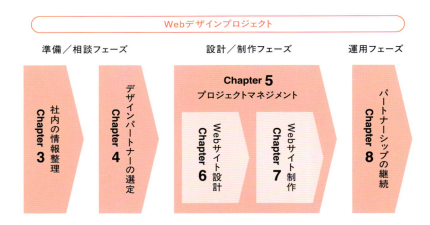

各章の冒頭では、発注者とデザインチームの両方が実施するべきことを以下のフォーマットで示しています。プロジェクト全体を俯瞰し、どちらか一方の視点に偏らず、両者の役割を解説しています。

ステップ・ゴール（プロジェクトの視点）
プロジェクトを俯瞰して見たときの、各プロセスのゴールです。

コラボレーション内容（コラボレーションの視点）
発注者とデザインチームがどのように協力し、相互に補完し合うべきかを示しています。

デザインチームの役割（デザインチームの視点）
デザインチームがプロセスにおいてどのような対応を行うのか、概要を説明しています。

発注側の役割（自社の視点）
発注者がプロセスにおいてどのような対応を行うのか、概要を説明しています。
また、各プロセスでどの程度の関与が求められるか、役割の比重を示しています。

　実際のプロジェクトにおいては、担当者は全体感を把握したうえで、社内外への的確な依頼やフィードバックが求められます。そのため、デザインチームの詳細なオペレーションも含めて理解することが重要です。デザインチームが具体的に何をしているのかを知ることが、プロジェクト理解を促進します。

　特に「コラボレーション」は、本書の目的である「パートナーシップ」と切っても切り離せません。パートナーシップは「状態」、コラボレーションは「行動」です。つまり、「パートナーシップ（be）を育むために、コラボレーション（do）を継続する」ことが、デザインプロジェクトの成功の秘訣です。

　コラボレーションは、「お互いを活かし合う力」です。発注者は自社の事業内容や背景情報などを提供し、デザインチームはそれら情報をもとに、プロフェッショナルとしての専門知識でWebサイトをつくります。お互いの得意分野をうまく補完し合うことで、ワクワクするような素晴らしい成果物が生まれます。

ダウンロード資料について

　Part 2では、できる限り実践的な内容をお伝えするために、私たちカロアが各プロセスで実際に使用している資料を使って解説しています。

　資料は以下のURLよりダウンロードできますのでぜひご利用ください。それぞれの記入例も含まれています。

https://go.caroa.jp/design/book-special-content

配布資料リスト

Chapter 3
- ステークホルダーマップ
- 問い合わせシート

Chapter 5
- プロジェクト仕様書
- スケジュール書
- タスクシート

Chapter 6
- 課題設計マトリクス
- 予算算出シート
- カスタマージャーニーマップ
- ターゲットシート
- ペルソナ作成のためのプロンプト
- コンテンツマップ
- ディレクトリマップ
- ポジショニングマップ

Chapter 7
- 公開前確認資料

　本書を読み進めながら、ご自身の実際のプロジェクトを想定して資料をご利用ください。また資料の記入が難しい場合も、記入例を見ていただくだけでも本書の理解がよりいっそう深まります。

Chapter

3/

自社内の情報を整える

3-1　社内体制の整理から始める

3-2　要件定義は一緒に作る前提で整理する

3-3　Webサイト公開後の「運用」を視野に入れる

3-4　問い合わせ時には「要件と期待値」を伝える

[準備フェーズ]

3-1　社内体制の整理から始める

デザインプロジェクトの第一歩は、社内体制の整理から始まります。なぜプロジェクトのはじめに社内体制を整えることが重要なのか、その理由を理解しながら、必要な資料づくりに着手しましょう。

ステップ・ゴール
社内体制を整理するためにステークホルダーをリストアップし、各メンバーの役割を明確にする。

発注側の役割
プロジェクトにおける役割や裁量権をあらかじめ整理することで、本フェーズ以降をスムーズに進めるための下準備をする。

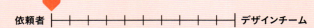

なぜ最初に社内体制の整理から始めるのか

　コスト、スコープ（作業範囲）、スケジュール、リスクなど、プロジェクトには多くの管理項目があります。これら複数の要素があるなかで「社内体制の整理」から始める理由は、プロジェクト全体における影響力が最も広いからです。
　これまでもお伝えしてきたように、制作会社に丸投げでは適切なデザインを制作することはできません。プロジェクトはアイデアや意見の拡散とアウトプットによる収束によって進捗していきます。

制作前〜制作後どのフェーズにおいても、社内外メンバーとのコミュニケーションが必要になります。社内体制の管理に不足がある場合、「最終的に誰に確認をとればいいのかかわからない」「そもそもの方向性に、社内で合意がとれていなかった」などの問題が各局面で発生してしまいます。一方で、社内体制が整理されて、常に各メンバーへのコミュニケーションが適切にできている状態であれば、ある程度のトラブルが発生しても対処が容易になります

「ステークホルダーマップ」を使って社内体制を整える

ここからは実際に社内体制の整理をしてみましょう。最終的には「ステークホルダーマップ」と呼ばれる体裁でまとめることを前提に、まずは肩の力を抜いて簡易的な整理から始めましょう。

1) メンバーをリストアップ

「メンバーにヌケモレがないか」に注意し、社内メンバーの一覧リストを作成します。制作前後でメンバーに変更が発生しそう、局所的に確認が必要な人がいる場合も、この段階でリストアップしておきましょう。

名前	部署	本PJでの役割
山田太郎	広報	プロジェクト担当者
石川たつみ	広報／部長	意思決定
原 秀樹	マーケティング／部長	マーケ部門視点でのコメント、オブザーバー
田中美紀 代表	社長	最終の決裁者

デザインパートナーへ社内体制を共有する場合は、基本的にはこのリストのみを共有しますが、半年以上の長期プロジェクトで期間によってステークホルダーの変更が頻繁にある場合や、短期的なプロジェクトであっても10名以上のステークホルダーが発生する場合は、「ステークホルダーマップ」も共有することをおすすめします。

3

3-1
社内体制の整理から始める

2)「ステークホルダーマップ」上にメンバーを配置

　リストアップでわかることは、ヌケモレのないメンバーの一覧に過ぎません。このままでは「どのタイミングで、誰に、どんなコミュニケーションをとるのか」「誰への承認のために、どんな資料や会議が必要なのか」といった、プロジェクトに関わる具体的な内容までは把握できないのです。

　そこで、プロジェクトを進めるうえでどのようなプロセスが必要か、どのタイミングでどのメンバーがどう行動すればプロジェクトが成功に近づくのかを、具体的なメンバー情報をもとに判断するためのツールとして「ステークホルダーマップ」を作成します。

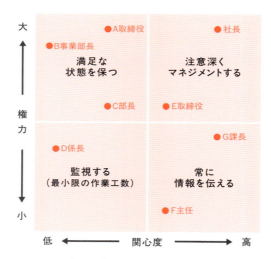

ステークホルダーマップ

　図のように、「権力」と「関心度」を軸に、4象限で配置していきます。マッピングにおいて重要なことは「各メンバーが4象限のうち、どの分布にいるのかを明確にする」ことです。よく「課長と主任のどちらが関心度が高いのかわからない」など各メンバーの相対的な位置を気にしてしまうケースがありますが、特に関心度においてはフェーズごとの変化などもあり、明確な位置を設定しなくて問題ありません。現場では「何となくこのへんだよね」と仮で設定してプロジェクトを進めることも多くあります。もし分布が間違っていれば、誤りだとわかった時点で変更すればよいだけです。

「ステークホルダーマップ」は、ただ作ることが目的ではなく、プロジェクトを成功に近づけるために運用するツールであることを忘れずに、まずは現時点で認識できる範囲で配置してみてください。

コラボレーション以前の、社内連携の重要性

　また、「社内体制の整理」と併せて考えたいのが、コラボレーションにおける社内連携の重要性です。これは、「コラボレーション以前の問題」と呼んでいます。デザインパートナー側はもちろん、発注側の社内連携ができていない状態では、円滑にプロジェクトを進めることはできません。各メンバー同士の連携、事前の根回しの連絡なども、両者のパートナーシップを育むためには重要な役割のひとつです。

要件定義に進む前に：「問題」と「課題」の違い

　さて、社内メンバーの整理ができたら、「要件定義」に進んでいきます。と、その前に、ひとつ質問です。皆さんは、「問題」と「課題」の違いを明確に理解できていますか？　ときどき問題と課題を混同されている方もいるので、ここで改めて整理しておきましょう。

　　問題：解決すべき事象／状況（例：売上が未達だ）
　　課題：問題の解決アプローチ（例：LPからのコンバージョン率を上げる、LPへの流入数を上げる）
　　解決策：課題を解くための具体的施策（例：ユーザーにとって魅力的なWebサイトを作る、Web広告を出稿する）

　Webサイトによって達成する「解決策」というのは「課題」設定に依存します。つまり、適切な課題設定ができていなかったら、誤った「解決策」に何ヶ月もの時間と数百万の費用を投資する結果となります。

　たとえば上の例だと、課題をCVR（コンバージョン率）とするかPV（流入数）とするかによって施策が変わってきます。適切な課題設定のためにはプロフェッショナルの視点が欠かせません。カロアがおすすめしているのは、パー

トナー会社と一緒に課題設定をすることです。社内外の両視点を初期段階から取り入れることで、本質的な解決策を導き出せます。

[準備フェーズ]

3-2 要件定義は一緒に作る前提で整理する

デザイン会社へ相談する際に送付する要件資料について解説します。従来との違いを理解し、コラボレーションを前提とした「決めすぎない」要件資料を作成しましょう。

ステップ・ゴール
3つの要素に絞って、相談のための要件を作成する。

発注側の役割
要件定義もひとつのコラボレーションだと認識したうえで、相談用の要件情報を整理する。

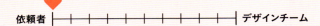

要件には余白が必要

具体的な要件整理の方法の前に、そもそも「要件」の考え方についての認識を合わせたいと思います。

「要件」とは、必要な条件を意味します。Webサイト制作における一般的な要件では、構築環境や機能、デザインの方向性、運用の仕組みについての条件を規定します。また、「要件定義書（RFP：Request For Proposal）」という発注者が作成する資料があります。これには20〜30項目、ものによってはそれ以上の要件を事細かに指定されています。

このようにWebデザイン分野では「発注者が要件を緻密に設定し、デザイン会社は要件に合わせてつくる」という役割分担が効率的に捉えられ、一般的になっています。しかし、あらかじめ決まり切った要件ではパートナーシップを築くことはできません。

要件は決めすぎない

　デザインパートナーとの協業において、固まりきった要件定義書を提示されてしまうと、「指示通りに作る」こと以外できなくなります。発注者が作成した要件定義にデザインパートナーとして改善すべき項目を提案したとしても、既に決まった内容を覆すことは現実的ではありません。

　そこで、要件の考え方として、パートナーシップを構築すること、デザインのプロの力を存分に発揮してもらうことを前提にしたとき、相談の手前では「要件は決めすぎない」ことが重要です。

　また、依頼側だけで要件を決めること自体が困難であることも、この「決めすぎない」理由のひとつです。しばしば目にする要件資料には、ユーザー視点ではなく社内の意見を集約しただけの内容になっているものや、定義が曖昧な表現が散見されることがあります。

　依頼側によっぽどの経験と知見がない限り、要件を社内で完璧に整理することはできません。課題に対する本質的な解決策を定義することができないうえに、こういった要件を作るために社内調整を含めて2〜3ヶ月の時間を使っていることも多々あります。

要件定義のタイムライン

　要件を一緒に作ることを前提としたときのタイムラインを、従来の社内完結型と比較してみてみましょう。

これまでの要件定義
　これまでの社内完結型では、Webサイトに関してのインプットや競合サイ

トの分析および自社の強みなど、社内で要件を固めるまでに必要な資料作成を自分たちだけで対応します。また、社内調整という関所を通り抜けるまでの道のりもあり、担当者や社内メンバーだけで多くの時間を使ってしまいます。

これからの要件定義

　要件定義のための資料作成やステークホルダーとの調整の段階からデザインチームとコラボレーションできたとき、より生産的に物事が進んでいきます。たとえば社内調整のための資料もデザインチームと分担でき、随時わからないことはデザインのプロフェッショナルから教わることができます。

　一つひとつの作業でも時間が削減され、全体の時間を効率的に使い品質の高いアウトプット（Webサイト）へとフォーカスできます。また、要件定義のフェーズからコミュニケーションをとることで、デザインチームとのチームビルディングにもつながります。

問い合わせ前に必要な3つの要件を整える

　要件は一緒に作る前提で整え、その後すぐに問い合わせをして、複数のデザインチームと話してみる。実際に担当者と話すことでしか感じることができない相性や信頼などの判断にいち早く進むことが重要です。

　では、問い合わせをするための具体的な要件を整理してみましょう。「決めすぎない」ことが重要ですので、3つの要素だけにフォーカスしてみましょう。

項目	内容	例
1）解決したい問題	デザインを依頼することで解決したい問題	事業領域が広がり、現在のコーポレートサイトでは伝えきれてない内容が出てきている
2）決まっている制約	スケジュール、予算	半年後に公開希望、予算は300万円
3）ゴールイメージ	参考サイト／施策	近しいイメージ：海外のA社のサイト

　各項目の詳細は面談時に伝えることを想定して、細かく書く必要はありません。もちろん、現時点で明確になっている情報があれば整理しますが、まだ決まってないことを決めるために時間を費やすのであれば、複数のパートナー候補に連絡をし、要件に対するフィードバックをもらうことで効果的にプロジェクトを進められます。

　また、現時点で素材の有無の判断ができれば、問い合わせのタイミングで共有しておきましょう。写真やイラストの制作も依頼したいのかどうか、ロゴレギュレーションやブランドガイドラインなど、デザインにおけるレギュレーション資料などが該当します。これらは補足的な情報ですが、予算やスケジュールに関係します。

[準備フェーズ]

3-3 Webサイト公開後の「運用」を視野に入れる

Webサイト公開後には「運用・保守」と呼ばれる業務が発生します。特に「運用」は現代のWeb戦略の重要な要素。ここでは、Webサイト運用の概要と重要性、運用手法の選択肢としてノーコードツールについて解説します。

ステップ・ゴール
サイト公開後の運用方法をできる限り明確にする。

発注側の役割
Webサイト公開後の「運用・保守」への要望を、社内へ事前確認する。必ず達成すべき要望がある場合は要件に追加する。

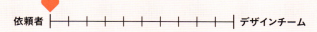

「保守」「運用」とは

「保守」と「運用」にどう対応してもらうのか、もし社内で対応する場合はどの部署のメンバーが手を動かすのか。パートナー選定にあたって事前に社内の状況を確認する必要があります。「保守」と「運用」それぞれの業務は一朝一夕に理解できる内容ではありませんが、まずは発注側として最低限の内容だけは認識しておきましょう。

▶「**保守**」：公開後のセキュリティ管理や更新業務。ドメインやサーバなど、

各種契約情報を管理します。保守に欠陥があるとWebサイトが表示されなくなります。
▶ 「**運用**」：コンテンツの更新、サイト分析／改善／戦略立案、お問い合わせ対応など、サイトの目的を達成するための業務全般。採用サイトであれば採用応募者の拡大、サービスサイトであれば顧客拡大など、各サイトごとによって目的および運用内容は異なります。

「運用」は際限がない

たとえば、皆さんがご自宅で料理教室を始めたら、どのようにしてお客さんを集めますか？　近所にチラシを配る、電柱に広告を貼る、季節に合わせた料理イベントを開催する、無料体験の日を作る、などなど何かしら施策を打たないとお客さんは集まりません。事業主自体がよっぽど有名ではない限り、ただそこに料理教室があるだけでは誰も来てくれないでしょう。

Webサイトも同様で、公開しただけでは誰にも見てもらえません。訪問してほしい人の目に留めてもらう、訪問したい気持ちになり実際に訪問してもらう、訪問後にアクションをとってもらう……　集客という目的の達成のためには、公開後の「運用」はデザインよりも重要だと言えます。

Webサイトの運用では、大きく以下の3つのサイクルを回していく必要があります。

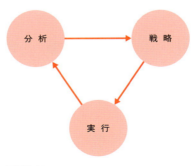

運用サイクル

- ▶ **分析**：計測ツールによって、目標となる数値を分析する
- ▶ **戦略**：分析結果をもとに、改善のための戦略を立案する
- ▶ **実行**：戦略をもとに現場で実行する

とはいえ、分析／戦略／実行ともに、探そうと思えば運用手法には限りがありません。たとえば、「Webサイト　分析」と検索しただけでも、たくさんの情報を知ることはできます。しかしいざ自身で分析をしようとすると、いつの時点のどの指標を参照して、どのような手法で分析するのかを理解し実行するには、大きなハードルがあります。

際限がない選択肢のなかで自社は何を選ぶべきか。この運用においてもプロとのパートナーシップにより最適解を作ることが適切です。

運用現場に合わせたWebサイトを作る

運用において、最も重要な視点が「運用担当者にとって使いやすいか？」です。先に説明した「分析／戦略／実行」は、認知獲得や売上拡大などの「攻めの視点」。一方で、これらの実務を実施するうえで運用しやすいWebサイトを作ることは「守りの視点」です。公開後、毎日運用をするのであれば、少しでも使いやすく効率的に実務ができるWebサイトを作る必要があります。

よくある失敗例として、デザインを優先させるあまり、担当者が運用しづらいシステムを導入してしまうことがあります。確かに公開時のデザインは刷新され格好良いものに見えますが、社内に経験値がないシステムに慣れるまでには相応のリソースを必要とし、そのうえで運用をしなくてはなりません。これでは単なる見た目の良いWebサイトができただけで、ビジネス上は何も価値を生みません。運用担当者は誰なのか、どの程度の経験があるのか、必ず事前に確認しておきましょう。

ノーコードツールのメリットとデメリット

昨今では「DX（デジタルトランスフォーメーション）」推進の命題のもと、ノーコードツールも広く普及しています。これらは表現面での制限はありますが、優れた運用性を有しています。また、ユーザーコミュニティが形成されている

ツールもあり、適切なパートナーを見つける選択肢としても活用できます。

　ノーコードツールの導入により、たとえばランディングページ（LP）のA／Bテストをマーケティング担当者が直接編集することが可能となり、業務効率化が図れます。さらに、保守費用がシステム利用料に含まれているケースが多く、外部業者に依頼するよりもコストを抑えることができます。これらの利点を活かすことで、迅速かつ柔軟なデジタル戦略を展開することができます。

　ただ、ノーコードツールにもメリット／デメリットがあります。カロアのデザインプロジェクトではノーコードツールを推奨するケースが多いですが、決して万能な代物ではありません。正しくメリット／デメリットを理解して導入を検討しましょう。

メリット	デメリット
1）直感的な操作性：ノーコードツールはドラッグ＆ドロップで簡単にデザインやサイト制作が可能で、初心者でも扱いやすい。	1）複雑な機能の実装が難しい：高度なカスタマイズや動的機能の追加は制限があり、必要に応じて外部ツールやコードベースの開発が必要になる。
2）高いデザイン性：コード不要でもプロフェッショナルなデザインを実現できるため、テンプレートに縛られない柔軟なクリエイティブが可能。	2）運用スケールの限界：小規模サイトには適しているものの、大規模なWebシステムや特殊な要件には不向きで、限界がある。
3）リアルタイム編集とプレビュー：編集内容がすぐに反映されるため、制作と確認がスムーズに進む。	3）ツール依存のリスク：ノーコードツール独自のエコシステム内で動くため、他のプラットフォームへの移行が難しく、長期的な運用でリスクが伴う。
4）低コストでの運用：開発者を雇わずに小〜中規模のサイトを構築できるため、予算を抑えたいプロジェクトに向いている。	4）学習曲線とクセ：初心者には手軽に感じられる一方で、ツール特有の操作性や仕様を理解する必要があり、慣れるまでの時間が必要な場合がある。

[準備フェーズ]

3-4 問い合わせ時には「要件と期待値」を伝える

デザインパートナー候補への問い合わせ時の手順や注意点ついて説明します。これまで解説してきた内容を整理し、実際に初回面談のための問い合わせメールを送付しましょう。

ステップ・ゴール
デザインパートナー候補に、初回面談のための問い合わせをする。

発注側の役割
期待値のズレが発生しないように、問い合わせシートを活用しデザインチームへ共有情報を整理する。

要件が不十分でも、まずは相談

問い合わせで伝える項目のひとつが「要件」です。3-2「要件定義は一緒に作る前提で整理する」の「3つの要件」が整理できていれば、そのまま伝えましょう。

一方で、要件の整理ができていない、または社内で検討をしているが決まる兆しが見えないなど、「まだ問い合わせる状態ではないのでは？」といった場合もあります。しかし、3-2でお伝えしたように、そもそも依頼側だけで考えられることには限界があります。社内で検討を重ねるよりも、パートナー候補

への連絡を優先しましょう。

　特に、これまでデザイン発注の経験がなかったり、予算感やスケジュール感が曖昧なほど問い合わせを先延ばしにしてしまう傾向があります。しかし、経験のないことに時間を費やしても大した意味はありません。その時間をデザインパートナーとのコラボレーションの時間に充てることのほうが重要です。

　また、この問い合わせの段階で、これまで述べてきた「社内体制」や「運用」の観点で懸念されることや決定事項があるのであれば伝えておきましょう。

期待値とは、「何（what）を求めるのか」ということ

　問い合わせ時には、「要件」に加えてもうひとつ必須項目があります。それは、デザインパートナーに求める「期待値」です。

　筆者の肌感ですが、デザインプロジェクトにおける失敗例ナンバーワンは「期待値のズレ」です。初期の相談段階において、具体的に「何をするのか？」の認識が一致していないままプロジェクトが進行していき、いざデザインを作り込むフェーズで、最悪の場合はデザイン制作終盤で、発注側が「思っていたのと違う！」となってしまう。結果、追加費用で同じ会社に作り直してもらうか、新しくパートナー会社を探すところからやり直すことになります。

　どのようなプロセスで、何をつくるのか、相手に期待することを明確にすることで、期待値のズレを防ぎます。たとえば、要件が決まっていない状態であれば「課題設定から一緒に入ってほしい」、要件がある程度明確であれば「〜〜〜事業において、XXXな課題があり、類似サービスの□□□のイメージで、Webサイトをリニューアルしたい」といった内容が「期待値」です。

　繰り返しになりますが、要件と期待値ともに完璧な状態で伝える必要は一切ありません。むしろ不完全な状態から一緒に作り上げていくプロセスを楽しむデザイン会社のほうが多いくらいです。「要件」と「期待値」いずれの内容も、見積もりやヒアリング時にデザイン会社と一緒に決めていくものです。自社内だけで考え込まず、パートナー候補に頼ってみてください。

　ここまで考えてきた内容を「Webサイトについての問い合わせ概要」（「問い合わせシート」）としてまとめて、相談したいデザインチームに連絡してみましょう。

Webサイトについての問い合わせ概要	
基本項目	
解決したい課題	● 現在のサイトはデザインが古く、ユーザーの離脱率が高い ● 物件情報の更新が手間で、スピーディーな情報発信が難しい ● 問い合わせ件数を増やしたいが、フォームまでの導線がわかりにくい
決まっている制約	● 予算：200万円以内 ● 納期：9月末希望 ● ページ数：約5ページ程度、自分たちで広告運用ができるようなLPも依頼予定 ● SEO対策を考慮した構築を希望
ゴールイメージ	● 直感的に操作でき、物件情報をスムーズに閲覧できるサイト ● 施工事例や購入者インタビューなど、リノベーション物件の魅力が伝わるコンテンツの充実 ● 問い合わせしやすい導線設計（CTAボタンの強調、チャット機能の追加など） ● 物件情報を簡単に更新・管理できるシステム構築 ● SNSとの連携で集客を強化
補 足	
デザインチームへの期待値	● シンプルで洗練されたデザイン（ターゲット層：30〜50代のリノベーションに関心のある購入検討者） ● 「都心×リノベーション×洗練されたライフスタイル」を感じさせるビジュアル
素材について	● 物件の写真・動画（提供予定） ● 施工事例のデータ（PDF/テキストで提供予定） ● 会社ロゴはあるが、カラーガイドなどはない ● 写真の写真がないので撮影を依頼したい
保守・運用について	● 自社での運用を考え、ノーコードツールに興味がある ● 社内のマーケティングメンバーが運用することを想定

問い合わせシートの記入例：都内でリノベーション物件の販売を強みとする不動産会社のサービスサイト

どうやって相談先を探すのか？

「どうやってパートナー会社を探せばよいかわからない」といった質問をよくいただきます。制作会社紹介サイトや自治体での紹介サービス、スキルシェア

サイト、アウトソーシングサイトなど、相談先を探すだけでも一苦労かもしれません。

相談先を探す選択肢は多くありますが、「1）良いと思ったデザインを作っている会社」か「2）各制作ツールが公式で紹介しているパートナー会社」の切り口で検索することをおすすめします。

1）は、「Web デザイン　参考サイト」などのキーワードで検索すると最新の良質な Web デザインをまとめて閲覧できるサイト（「SANKOU!」「MUUUUU.ORG」「S5-Style」「Web Design Clip」などが代表的です）があるので、こういったサイトを見て、良いと思えるデザインを探しましょう。

2）の場合は、既に使いたいツールが決まっている際に有効な手法です。特にノーコードでの構築が必須の場合は、Studio、Wix、Webflow など各ツールの公式サイトでパートナー紹介がされています。

次章からは相談の場面での流れや注意点などを解説していきますが、気軽に問い合わせて、複数の会社とコミュニケーションを重ねてみてください。各社からのコメントをもらうだけでも、要件や期待値の精度を上げるヒントがあると思います。

Chapter

デザインパートナーを選定する

4 - 1　初回相談の場では「共感できるか」を確かめる

4 - 2　提案では「納得できるか」を確かめる

4 - 3　最後の決め手は「継続できるか」どうか

[相談フェーズ]

4−1 初回相談の場では「共感できるか」を確かめる

プロジェクトのパートナーを選定する際、どのような基準で判断すればよいのでしょうか。デザイン会社との面談から選定までの全体像と、初回面談時のポイントについて解説します。

ステップ・ゴール
パートナー選定までの流れを理解し、初回面談を実施する。

コラボレーション内容
基本的な情報は資料やテキストで事前に共有し、初回面談からディスカッションをする。

デザインチームの役割
事前に要件資料を確認し、依頼側の課題や制約に対する提案を想定したうえで面談に臨む。

発注側の役割
デザイン会社からの共有資料を事前に確認し、面談当日はディスカッションに集中する。

依頼者 ├──┼──┼──┼──┼──┼──┼──┼──┤ デザインチーム

決め手は「共感」と「納得」

　問い合わせ後の面談の内容はおおよそ2回、「ヒアリング」と「提案」です。場合によっては提案が資料だけで完結することがあったり、ヒアリング時にある程度の提案を受けることもあるので、面談の内容はデザインチームによって多少の差はありますが、各面談で重要となるキーワードは「共感」と「納得」です。

デザインパートナー選定の流れ

「共感」できるか？

　面談はデザインパートナー候補と初めて話をする時間。お互いの人柄や相性を確認する場になります。どれだけデザイン力に評判があるチームでも、相性が良くなければ数ヶ月のプロジェクトを共に進むことは困難です。

　1回目のヒアリング面談時には、自社の事業や課題感に対してデザインチームが共感し、プロジェクト期間中のコミュニケーションに懸念がなさそうかを確認しましょう。また、この相性や共感はデザインパートナー側も確認しています。デザインチームも人間。やはり「一緒にやりたい！」と思える依頼者とのプロジェクトの方が自然と熱量が高くなります。

「納得」できるか？

　2回目の提案の場面では、提案内容に納得できるかが判断の基準となります。どれだけヒアリングの場面でお互いが共感できたからといって、あくまでもビジネスの活動であることには変わりありません。

　ヒアリングの内容を踏まえて、要領の良い提案か、予算に収まっているかなど、現実的な判断をしましょう。具体的にチェックすべきポイントは後ほど詳しくお伝えします。

共感ってなんだろう？

「共感」という言葉をあらゆるシーンで聞くようになりました。SNS上のやりとり、ランチ時のちょっとした会話、そしてビジネスでもよく耳にする言葉です。先ほどお伝えしたように、デザインプロジェクトにおいても共感は重要なキーワードです。しかし、具体的にデザインプロジェクトにおける、特に初回面談における「共感」とは、何を意味するのでしょうか？

共感してもらっている安心感

共感を2つの方向で考えてみましょう。1つ目が、自分たちに相手が共感してくれているかどうか。具体的には、皆さんの会社のビジョンや事業の目的、ターゲット層、未来の方向性を「デザインチームが深く理解していると感じられること」が、相手から自分たちへの共感です。

また、課題感を共有できていることも「共感」の重要な要素です。自社が抱えている問題や解決したい課題について、デザインチームも一緒に解決策を考えてくれること。そして、自社のゴールをデザインチームも自分事のように捉え、具体的な提案を行ってくれることが、パートナーシップの深まりにつながります。

このように、デザインパートナーからの共感があるとき、依頼者は「自分たちのことをちゃんと理解してくれている」という安心感を持つことができます。

共感できる信頼感

共感の2つ目の方向は、相手に自分たちが共感できているか。デザインチームの実績や考え方、面談時の説明資料、実際に話してみたときの感覚など、その瞬間瞬間で「一緒にWebサイトを作りたい！」と信頼できるかどうかです。

この時、スケジュールに収まりそうだから、有名なデザイナーが担当してくれるから、といった判断ではなく、良いサイトを作れる想像ができる、話していてもっと自分たちから話したくなる、といった感覚的部分を大切にしましょう。

自己紹介ではなくディスカッションをしよう

　Webデザインのヒアリングを実際にどのように進めればよいのでしょうか？　よくある失敗として、ただ自己紹介や料金案内を受けて終わることです。自己紹介はもちろん大切ですが、プロジェクトに関する具体的な話をして、その会話の中で共感できるかどうかを判断することはもっと大事です。またこのディスカッションは、先にあるコラボレーションのための土壌づくりとして欠かせません。

抽象的なテーマに対するディスカッション

　初回面談の悪い例で一番多いのが、料金案内だけで終わるパターンです。テキストや資料だけである程度伝わる情報は事前にキャッチアップした状態で面談に参加します。お互いの情報を知ったうえで、プロジェクトの目的や期待値についてディスカッションをしましょう。ディスカッションを活発にするポイントは、「解決したい課題」や「ゴールイメージ」といった抽象的なテーマを起点にコミュニケーションを始めること。

　プロジェクトのゴールや課題を共有することで、デザイン会社としては「運用はある程度御社で対応できることを要件に追加したいですね」「期待値の詳細としては○○ですか？」といった具体的な質問や回答を伝えることができます。この抽象的なテーマを起点としたうえでの具体的な質問と回答の往復により、少しづつテーマの解像度が高まります。

期待値の確認

　初回ヒアリングの次には「提案」があります。この提案が大きくズレないためにも、「デザインチームに求めること」「予算」「スケジュール感」など期待値を明確に伝えることが重要です。間違えても「とりあえずできるだけ良いものを作ってほしい」といった曖昧な表現で一方的に伝えることは控え、「どんなものを目指しているのか」という方向性を共有しましょう。

　また、面談の場では問い合わせメールに書くほどでもなかった情報も積極的に伝えてみましょう。些細な情報がデザインチームにとってクリティカルな場合もあります。このような共有が、次の「提案」の質を高めます。

4

4-1 初回相談の場では「共感できるか」を確かめる

初めての顔合わせだからこそ決裁者も同席する

　意思決定を迅速に行い、伝達ミスや認識のズレを防ぐために、初回の打ち合わせには決裁者が同席することが望ましいです。特に要件定義のフェーズでは、直接的な対話を通じて重要事項を共有できる環境を整えることが効果的です。まずは決裁者が同席するメリットを整理してみます。

1）意思決定を迅速化できる
　　例：予算やスコープの変更が必要になった場合、担当者だけでは持ち帰る必要があるのに対し、決裁者がその場で承認すれば次のステップに進みやすい。

2）決裁者の要望や意向を直接伝えられる
　　例：ブランドイメージや事業戦略といった全体的なビジョンがデザインチームに正確に共有される。

3）予算や契約条件の交渉が効率的
　　例：デザインチームが提示した費用やスケジュールについて、即時に「この範囲なら許容できる」と決められるため、プロセスが短縮される。

4）プロジェクトへの本気度を示せる
　　例：担当者だけでなく決裁者も同席することで、制作会社が「重要な案件」と捉え、より積極的な提案を期待できる。

5）トラブルや認識のズレを防げる
　　例：初期段階で決裁者の理解が一致していれば、後になって「仕様変更」や「やり直し」が発生するリスクが減る。

6）長期的な関係構築の基盤を作れる
　　例：初回の打ち合わせで良い関係を構築しておけば、将来的に他の案件でもスムーズな協力体制がとれる。

　もし決裁者が同席できない場合は、担当者である自身が責任を持って決裁者に説明できるような情報を得られるようにします。決裁に必要な条件などを事前に整理しておき、デザインチームに伝えるのがおすすめです。

初回面談でデザインチーム側が確認していること

　初回面談では、デザインチームも発注者の皆さん同様に相性の確認をしています。しかし、それ以上に重要なことが、次回の「提案」にとっての情報収集です。デザインチームの視点で見た時、「Webサイトについての問い合わせ概要」を受け取り、初回面談に臨み、提案をする。この提案を評価いただけるかどうかはまさにデザインチームの本業ど真ん中の仕事です。

　そこで、ここではデザインチーム側が初回面談でどのようなことを確認しているのかを、私たちカロアの例でお伝えします。デザインチームが提案をするうえでどんな情報が必要なのかを認識しておきましょう。

　またいくつかの項目は専門的な内容も含まれますので、事前にすべてを理解してから臨むのではなく、不明点があれば質問をし、会議の中で理解をしていくことが大切です。

プロジェクト概要

- サイト制作の目的
- 達成したい成果
- 現在抱えている課題
- 想定しているターゲット
- 想定している流入計画

その他

- パートナーに期待する関わり方
- 本プロジェクトに関わる関係者
- 決裁者がプロジェクトに参加可能か
- コミュニケーションツール

サイトの要件

- 想定ページ数とコンテンツ
- ビジュアル素材支給の可否
- ご予算の上限
- ご希望スケジュールイメージ
- ベンチマークサイトとその理由
- 競合サービス、サイト
- 使用したいサーバ／CMSなどのシステム要件

初回面談でデザインチーム側が確認している項目

[相談フェーズ]

4−2 提案では「納得できるか」を確かめる

初回面談の次のステップは、デザインチームからの提案を受けることです。提案内容の判断基準や確認時の注意点を理解し、依頼者として納得できる提案を見定めましょう。

ステップ・ゴール
初回面談の内容をもとに、提案の場を設ける。

コラボレーション内容
依頼側は提案内容の不明点や疑問点を伝え、その内容に提案側が回答することで、提案内容への理解を深める。

デザインチームの役割
依頼側の課題に対して、オーダーメイドな解決策を提案する。

発注側の役割
複数のデザインチームからの提案書に対して、共通の判断基準を設定して評価する。

依頼者 ├─┼─┼─┼─┼─┼─┼─┼─┼─┤ デザインチーム

「予算・品質・スケジュール」のバランス

Webサイト制作にかかわらず、どんなプロジェクトでも、「予算」「品質」「スケジュール」のうちどれがどの程度重要か優先順位を決めなければ、プロジェクトの成果物が曖昧になったり期待値のズレが発生するなど、トラブルの原因となります。

提案の場面では、「予算・品質・スケジュール」それぞれの期待値が合っているか、また全体のバランスが適切かどうかを確認しましょう。

予算の確認

まず確認する内容は予算です。デザインチームからの提案書には見積書として合計金額と内訳が含まれています。見積書で見るべきポイントを整理します。

▶ **想定している予算で収まるか**：予算の確認で一番に確認するべきは、合計金額が予算に収まっているかどうか。収まっていない場合は各内訳での費用調整を依頼するか、内容ごと削除して減額する必要があります。

▶ **保守・運用費は適正価格か**：多くのノーコードツールなどのプラットフォーム側への支払いには保守費用も含まれています。そこで、見積書に「保守・運用費」が含まれている場合は、どのような対応をしてもらえるのか、また価格が対応に見合っているかどうかを確認しましょう。

▶ **予算配分は適正か**：デザインチームの見積書に含まれる費用の多くが人件費です。そのため、費用が多いものほど時間を掛けて作ることを意味します。そこで、内訳全体を比較して、期待値が高いスコープ（ページや素材）に適切に予算配分がされているかどうかを確認しましょう。

▶ **依頼したいスコープが含まれているか**：Webサイトを作るまでには、情報設計や戦略設計など複数のフェーズが必要となります。これらの詳細は後述しますが、単なる制作費だけの金額なのか、戦略・設計費用も含まれているのかを確認します。

また、社内で調達ができない素材がある場合は、見積もりの中に素材制作費が含まれているかどうか確認しましょう。提示されている素材作成費に二次利

用費用が含まれているかどうか、またその利用範囲と期間の確認も欠かせません。

品質の確認

　続いて確認する内容は、提案書および想定されるデザインの品質についてです。

　ゴールとなるWebサイトの品質を提案時点で確認することはできませんが、提案書などの資料から、ある一定の品質を確認することができます。

▶ **アウトプットの品質**：Webサイトのデザインやビジュアルとしての品質が一定値以上かどうかは、デザインチームの実績を見て判断しましょう。デザインチームのサイトで実績として公開されていないものもありますので、「今回のプロジェクトと類似した実績はありますか？」など依頼側から質問することをおすすめします。

　また、ビジュアル案や方向性が提案資料に含まれている場合は、その見た目ではなく、「なぜ、この方向性が良いと考えているのか」といった考え方に対する質問をしてみましょう。考え方が適切であればプロジェクト開始後に見た目のチューニングは容易にできますが、考え方に問題がある場合はプロジェクトのコミュニケーションコストが膨大になります。方向性資料がたまたま合っていただけで、蓋を開けてみると事業理解ができておらずデザインチームとの考え方が合わない、という結果を避けるためには重要な質問です。

▶ **運用性の品質**：ニュースやイベント情報、事例インタビューなど、1つのサイトに含まれるコンテンツの種類は複数あります。そこで、依頼者の皆さんが想定している運用が可能かどうかを確認しましょう。

　運用性を担保するには、サイトの見た目ではないところでの設計・構築が重要です。もし運用を重要視しているのであれば、デザインチームに「運用を工夫した事例を教えてください」と質問してみましょう。

▶ **進行管理の品質**：デザインプロジェクトにおける重要なパートナーシップ、

そのパートナーシップを高めるためには、各フェーズで適切なコラボレーションを設計することが大切です。

この各フェーズのコラボレーションを担うのが、プロジェクトマネージャー（プロマネ）の仕事です。そこで、デザインチームのメンバーにプロマネ、または進行管理などの役割を担うメンバーが含まれているか確認しましょう。

スケジュールの確認

最後に、スケジュールの確認です。初回の打ち合わせで伝えていた納品日だけでなく、そのプロセスの確認も忘れないようにしましょう。

- ▶ **納品期日は守れるか**：あらかじめ要件として伝えていた納品日に間に合うかどうか。基本的な確認ですが、何よりも重要な確認事項です。
- ▶ **どのプロセスにどの程度の期間を使うのか**：予算における人件費の分配と同様に、スケジュールでは各プロセスの使用時間から期待値とズレていないか確認しましょう。時間をかけすぎている場合は、期待値のズレがあります。
- ▶ **社内の確認期間が十分か**：発注側の確認フローによっては、「公開前に2週間の事前確認期間が必要」など重要な決定のための一定の期間が必要なケースもあると思います。こういった成果物や途中段階での確認プロセスの期間があらかじめ設定されているかどうかを確認します。

3つのバランスをとりながら

予算・品質・スケジュールそれぞれの確認項目を紹介しましたが、これらすべてを満遍なく実施することはできません。「安く、品質高く、なるはや納品で！」は非現実的です。

大切なのは、3つのバランスです。まず予算・品質・スケジュールの優先順位を決めて、その優先順位上でどこまで妥協できるのか、またどこまで期待するのかをデザインチームと調整する必要があります。この3要素のバランスのことを、プロジェクトマネジメント用語で「QCD（Quality：品質、Cost：コスト、Delivery：納期）の関係」と呼びます。

多くの場合は提案後に3つのバランスを細かく調整するので、デザインチー

ムからの提案はあくまで草案として受け取って、最後は依頼側も提案内容に関与することで、本当に納得のできる提案ができあがるのです。

素材制作をあなどるなかれ

　予算・品質・スケジュールそれぞれに、デザイン以外で大きく関わる要素として「素材制作」があります。「デザインをする」ことは、「伝えたい情報（原稿や画像）を、わかりやすく魅力的にする」ことです。たとえば採用サイトを制作するとき、候補者へ向けてのメッセージや職場の写真などの素材をどうデザインすれば伝わりやすくなるかを考えます。

　料理を作るときに野菜や肉などの素材がなければ料理が作れないように、デザインも素材がなければデザインに着手できません。つまり、もし作りたいデザインにおいて現状で情報が足りていない場合は、新しく作る必要があります。新しく作るためには、「デザインをする」ではなく「素材を作る」フェーズが必要となります。この素材づくりは「予算・品質・スケジュール」に大きく影響します。

デザインと素材制作の違い

　先ほどお伝えしたように、デザインと素材制作はWebサイト制作において互いに密接に関わっています。具体的には、素材がなければデザイナーは「どんな画像やテキストを使うか」を決めることができません。また、素材が揃っているかどうかによってデザインの進行スピードやクオリティに大きな影響を与えます。

　たとえばサイトリニューアルの場合、写真は既存のWebサイトのものを使用するのか、契約している素材サイトから選定するのかなどのアナウンスが必要です。素材はWebサイトの印象自体にも大きな影響を与えます。「既存のサイトから一新したい」といったリニューアルプロジェクトの場合は、新規で図解や動画などの素材をデザインチームが作るケースが一般的です。

　素材を社内から調達するのか、デザインチームに作ってもらいたいのかといった素材調達の方策を明確にしなければ、プロジェクトには大きなリスクとなります。

素材制作がプロジェクトに与える影響

デザインと密接に関わる素材制作がプロジェクトにどんな影響を与えるのか具体的に考えてみましょう。ここでは例として「コーポレートサイトリニューアルに伴う素材を社内で調達するか、デザインチームから調達するか」を比較して考えてみましょう。

▶ 予算に与える影響

- **社内から調達**：すでにある素材を提供するだけなので、発生する費用はなし。ただし、当時のデータを元データとして保管していない場合は、リニューアル時のデザインで使用できない場合もあるので注意が必要。
- **デザインチームから調達**：新規で素材を作るので、デザイナーの工数が発生する。複雑な図解や動画作成の場合はデザインと同等の工数となる場合もあります。またデザインチームによっては素材作成だけ別のデザイナーを起用するケースもあるので、その場合はプロジェクト管理費にも影響することがあります。

▶ 品質に与える影響

- **社内から調達**：リニューアル前の素材を使うことで、変化の幅は小さくなります。大きく刷新をしたい場合は期待値に合わない可能性が高いです。ただし、ロゴやキャッチコピーといった長期的に使用することが想定されている素材をむやみに変更することは、既存のお客さんのユーザビリティにも関わるので、変更する場合は慎重に議論する必要があります。
- **デザイナーから調達**：リニューアルサイトを作るデザインチームが素材まで作ることで、一貫性のある印象を実現できます。また、ここで使用した素材を各種広告へと流用することで、認知施策の一貫性も実現できます。また、デザインの総合的な品質を向上できるため、デザイナーにとっては「素材から作れる！」といったモチベーションにもなります。

▶ スケジュールに与える影響

- **社内から調達**：すでにある素材を提供するだけであれば、スケジュールの追加はなし。ただし、リニューアルに伴った原稿作成など、発注側の

タスクは必ず発生します。社内からの調達の場合も、いつまでに調達する必要があるのか、事前にスケジュールは必ず確認するようにしましょう。また、社内調達のスケジュールが間に合わない場合は、スケジュールに影響があるので注意が必要です。

- **デザインチームから調達**：作る素材の種類や量によって、スケジュールを追加する必要があります。図解、動画、アイコンなどの複数の素材を1人のデザイナーが担当する場合も同様です。スケジュールを追加することなく素材を作るにはデザイナーを追加する必要がありますが、現実的にデザイナーを追加できるかどうかはデザインチームのリソースが大きく関わります。また、写真撮影が発生する場合は、撮影場所やモデルの検討など、撮影以外の必要スケジュールも発生します。

[相談フェーズ]

4-3 最後の決め手は「継続できるか」どうか

Webデザインプロジェクトにおいて、デザインパートナーの選定は最初にして最も重要な判断です。面談や提案を通じて「共感できるか」「納得できるか」を評価したうえで、最終的にどのデザイン会社を選定するか、そのプロセスと考え方を解説します。

ステップ・ゴール
プロジェクトを依頼するデザインチームが決定する。

コラボレーション内容
お互いがデザインパートナーになり得ることを前提に、選定期間中も適切なコミュニケーションをとる。

デザインチームの役割
提案書の提出後から依頼側の決定までの間も、質問事項には迅速に回答をし、依頼側の意思決定が滞らないようにする。

発注側の役割
提案後、適切なタイミングでプロジェクトを開始できるよう、過度に時間をかけずに依頼先を決定する。

継続が重要な理由

デザインプロジェクトの依頼は一度限りの関係ではありません。プロジェクトを進めるなかで発生する調整や改善を円滑に行い、長期的な成果を最大化するには、継続した関係性が重要です。ここでの「継続」とは、単に契約を更新することだけではなく以下のような要素を含みます。

▶ **事業理解の深化**：長く付き合うことで、デザインチームが発注者のビジョンや事業特性をより深く理解し、それらをデザインに反映できるようになります。

▶ **コミュニケーション・コストの削減**：初期段階での「お互いを知る」ためのコミュニケーションに要する時間が減り、次回以降のプロジェクトがスムーズに進行します。

▶ **一貫したデザインの実現**：同じデザインチームとの関係性を継続することで、デザインの一貫性を保ちながら、スピーディーな対応が可能になります。

▶ **契約手続きの効率化**：特に大きな組織であるほど初回契約時の手続きが長引く場合もあります。継続した関係であれば、法務的な契約や見積もりの調整においても双方の負担を軽減します。

まずはロジカルに整理しよう

複数のデザインチームからのヒアリングと提案を受け、まずは各デザインチームを「共感」「納得」の視点で整理してみましょう。共感は納得と比較すると主観的な判断となる項目もあります。そこで、はじめに「納得できるかどうか」で各デザインチームを検討し、その中で迷った場合に「共感できるかどうか」の視点で考えることをおすすめします。

具体的な数値や条件をもとに判断できる「納得」を軸に考えることで、主観的な揺れを排除できます。担当者内での意思決定がブレることなく、社内ステークホルダーへ選定理由の説明をする際にも明確な基準をもとに理解を得ら

れやすく、プロジェクト開始までが比較的スムーズに進みます。

1.「共感」を感じられるか	☐ 自社のビジョンや目的を理解していると感じられる。 ☐ 自社の課題やゴールを共有できていると感じられる。 ☐「一緒にゴールを目指せる」と感じられる姿勢がある。
2. 対話のスタイル	☐ 自己紹介に終始せず、具体的なディスカッションができている。 ☐ プロジェクトの背景や目的（Why）を中心に話が進められている。 ☐ 抽象的なゴールと具体的な手段（How, What）のバランスが取れている。
3. 期待値のすり合わせ	☐ 納期、予算、完成度について具体的に話し合えている。 ☐ 期待値の確認・共有ができている。 ☐ 見積もりの条件や優先事項について透明性がある。
4. 同期コミュニケーションの質	☐ 現場での提案や柔軟な選択肢の提示ができている。 ☐ 小さな疑問や追加情報にも対応してくれる姿勢がある。 ☐ その場でのやり取りで事業理解が進んでいると感じられる。

共感チェックリスト

1. 予算	☐ 想定している予算で収まるか ☐ 保守・運用費は適正価格か ☐ 素材制作費が含まれているか ☐ 依頼したいスコープが含まれているか
2. 品質	☐ アウトプットの品質 ☐ 運用性の品質 ☐ 進行管理の品質
3. スケジュール	☐ 納品期日は守れるか ☐ どのプロセスにどの程度の期間を使うのか ☐ 社内の確認期間が十分か

納得チェックリスト

4

4-3 最後の決め手は「継続できるか」どうか

「このデザインチームがいい!!」

　最終的にデザインパートナーを選定するときに、チェックリストからロジカルに比較することは確かに大切です。一般的にはこのプロセスでの判断が最も合理的だと考えています。

　しかし、「絶対にこのデザインチームと一緒にWebサイトを作りたい！」と直感した場合、そのときは直感を信じて選ぶことも間違いではありません。「さっきはロジカルに考えろって言ってたじゃないか」と矛盾したように聞こえるかもしれませんが、この直感は「このデザインチームがいい！！」と圧倒的に感じた場合に限ります。

　デザインチームのディレクターやプロマネの対応なのか、デザイナーとの相性なのか、または提案書の独自性なのか。何か1つが圧倒的に優れており、絶大な期待がある。ワクワクして心の温度がグッと上がる。もし、そんな瞬間に出会えたのなら、「納得できるか？」といった思考を通り越した判断となります。なぜ圧倒的な直感を信じてもよいのか、また直感で判断する場合のポイントについてお話しします。

　最終的に大切なのは、「失敗しない選択」ではなく、「一緒に成功を分かち合えるパートナーを見つける」こと。そのために、直感を信じて選んだチームが、結果的に最も良い成果を生むこともあります。

心が動くチームを選ぶ理由

　Webデザインプロジェクトは、単なる業務の発注ではなく、共にゴールを目指す「協働作業」です。その中では、論理的な正しさ以上に感覚的な「フィット感」が求められます。このフィット感は次のような理由で重要です。

- ▶ **信頼が成果を左右する**：初回相談や提案のなかで、「このチームなら任せられる」と思える信頼感は、プロジェクトのスムーズな進行に直結します。信頼があれば、細かい部分でのすり合わせや多少の問題が発生しても、互いに歩み寄って解決できます。
- ▶ **優れたデザインは「共感」から生まれる**：優れたデザインは、クライアントとデザイナーの間に共感があるからこそ生まれます。お互いの価値観や

目指す方向性が一致していると感じられるチームであれば、自然と良いアイデアが生まれやすくなるでしょう。

▶ **長く続く関係は「心のフィット感」から**：契約や条件が完璧でも、感覚的に合わない相手との関係は長続きしません。一方で、心から「このチームと一緒にやりたい」と思える関係性であれば、プロジェクトを超えて長期的なパートナーシップが築けます。

直感を大切にするためのヒント

とはいえ、直感は曖昧なもの。それを大切にするには、次のような視点でデザインチームとのやり取りを振り返ると良いでしょう。

▶ **話していてワクワクするか？**：初回の打ち合わせや提案で、「このチームとなら面白いことができそう」と感じられるかがポイントです。
  ● 自分たちのアイデアや目標に対して、期待以上の提案があったか？
  ● デザイナーから出てくる言葉やビジョンに刺激を受けたか？

▶ **共通言語を持っているか？**：「一緒に話していて、気持ちが通じる」と感じられるかは、成功するプロジェクトの大切な要素です。
  ● 話がすんなり伝わる、もしくは噛み合っていると感じた場面があったか？
  ● 自分たちの目標や課題について、チームが自分以上に深く理解してくれたと感じたか？

▶ **笑顔が自然に出たか？**：意外に見過ごしがちですが、「楽しい」と感じる場では良いデザインが生まれるものです。
  ● 打ち合わせの中で、思わず笑顔になった瞬間があったか？
  ● お互いにリラックスして話せていると感じられたか？

ステークホルダーへの説明はロジカルに

もし、皆さんが直感的な理由からデザインパートナーを選定する場合でも、担当者以外の社内ステークホルダーにはロジカルに説明すること、上申することが求められると思います。

こういった状況で「費用感や品質ではなく、直感でこのデザインチームと一緒に作りたいと思いました！」と熱烈に語ったとしても、組織での意思決定をするうえで合理的ではないと判断されて却下されてしまうでしょう。

　ここで重要なのは、「理由は後付でいい」という考え方です。たとえば、納得のチェックリストでそのデザインチームだけが優れている項目を主軸に説明をする、アワード受賞などのわかりやすい実績など第三者評価が得られていることを推薦理由とする、などです。また、前述したように、面談の場面に決裁者が同席することで、担当者自身が抱いている直感を説明しやすくなります。

　ロジカルでない判断は良くないのでは？と思われるかもしれませんが、前提として、発注者の立場の皆さんはデザインのプロではありません。それゆえどれだけ考えたとしても完璧にロジカルになることは不可能でしょう。であれば、心の温度が上がる、ワクワクできるデザインチームと一緒にプロジェクトを進めることは選択肢として悪手ではなく、最善の一手になる可能性は十分にあります。

Chapter

プロジェクトマネジメント

5 - 1 　プロジェクトは設計が9割

5 - 2 　変動しない項目を整理する「プロジェクト仕様書」

5 - 3 　変動する項目を可視化する「スケジュール書」

5 - 4 　キックオフ会議で合意形成をとる

5 - 5 　着実にプロジェクトを前進させるための
　　　　「タスクシート」

5 - 6 　過去と未来のリスクに備える

[設計フェーズ]

5-1　プロジェクトは設計が9割

コラボレーションを実現するための「プロジェクト設計」の重要性と概要を解説します。設計はプロジェクトの最重要フェーズであり、制作するWebサイトのクオリティに大きく影響します。

ステップ・ゴール
プロジェクト設計の概要を理解し、着手に備える。

コラボレーション内容
共通のプロジェクトゴールを見据え、互いが使いやすいツールの選定など準備を整える。

デザインチームの役割
プロジェクトの全体像を説明し、発注側との共通認識として設計の重要性を共有する。

発注側の役割
デザインチームとの連携のために、担当者はプロジェクト設計について標準的な知識をインプットしておく。

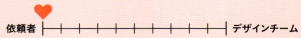

プロジェクト"設計"とは？

　プロジェクト設計とは、ゴールまでの道のりを計画することです。どの道を通り（プロセス）、途中で何を達成し（中間成果物）、最終的にどこに到達するのか（納品物）を明確にします。

　デザインパートナーを決定した直後では、プロジェクトのおおよそのスコープ（作業範囲）と見積内容が手元にある状態です。これらはあくまで初回ヒアリングの場面から提案してもらったプロジェクトの概要です。

　これらの概要資料から、以下2つから構成されるプロジェクト設計書を作成することで、依頼者とデザインチームが認識の齟齬なくプロジェクトを始めてゴールまで共に歩むためのロードマップを描きます。

▶ **プロジェクト設計書［1］**：変動しない項目を整理する「プロジェクト仕様書」
　内容：ゴール、スコープ、要件整理、ステークホルダー一覧、リスク共有、使用ツール、コミュニケーションルール
　目的：ステークホルダー全員に本プロジェクトの内容を伝えること。お互いの認識に齟齬がないように、プロジェクト開始時に同期的に共有

▶ **プロジェクト設計書［2］**：変動する項目を可視化する「スケジュール書」
　内容：スケジュール、マイルストーン、タスク一覧
　目的：ステークホルダー全員にプロジェクトゴールまでの道筋と現在地を示し認識を合わせること。プロジェクト期間中常に更新をし、同期および非同期で共有

　この2つの資料は付属のダウンロード資料に含まれています。それぞれGoogle Spreadsheetで作成しています。実際にカロアでプロジェクトを管理する際も、ダウンロード資料をベースにした資料を使っています。

　プロジェクト管理に特化したツールも最近は世の中に多くありますが、誰でも使えるツールで管理します。プロジェクト設計書はステークホルダー全員が確認する資料のため、標準的なツールを採用し、誰でも閲覧できる状態を作り

ます。また、専門的なツールの導入には費用と時間の両コストが掛かり、加えて誤操作の発生リスクが伴います。

プロジェクトは設計が9割

プロジェクトの設計が全体にどのような影響を与えるのか、進行を俯瞰して見てみましょう。下の図は、プロジェクトの「準備／相談 → 設計 → 開始」のタイムラインです。たとえば半年程度のプロジェクトであれば、設計の期間だけだと通常2週間程度、また1週目には全体の8割程度を固めておく必要があります。現実的には3週目以降にも細かな調整が発生しますが、他スコープと並行して設計をすることになります。

期間としては、6ヶ月の内の2週間、つまり全体の10分の1程度ですが、「プロジェクトは設計が9割」と言えるほど影響度が高いフェーズとなります。「仕事は準備が9割」「第一印象が9割」といった話があるように、プロジェクトも9割は初期の設計が成功に大きな影響を与えます。割合の数値は異なりますが、「パレートの法則（80対20の法則）」も似たような考え方です。

このプロジェクト全体の設計および運用を担当するのがプロマネの仕事。デザイナーやディレクター同様に、プロジェクトマネジメントにも専門性が求められます。

プロジェクト設計のタイムライン例

なぜ9割決まるのか？

「XXXは準備が9割」「パレートの法則」など他のジャンルで想像してみると、ほとんどの物事は計画と実行に別れていて、その計画次第でおおよその結果が決まってしまいます。

プロジェクトの設計が成功の要因の9割を占めると言われる理由は、プロジェクトの方向性や基盤が設計段階で決まるためです。この段階で適切な準備や計画がなされていないと、後のプロセスで修正が困難になり、時間やコストが大幅に増加する可能性が高まります。以下のようなポイントが、その理由を裏付けています。

▶ **明確な期待値の設定**：設計段階では、プロジェクトの目標、期待される成果物、成功基準を定義します。これらの期待値が不明確だと、プロジェクト全体が迷走し、リソース（人材、予算、時間）が無駄になります。

▶ **リソースの最適な配分**：設計で必要なリソースを正確に見積もります。これに失敗すると、過剰なコストや人員不足などの問題が発生し、スケジュールの遅延になります。

▶ **プロセスの効率化**：プロジェクトの進行手順や重要なマイルストーンを設定することで、効率的な進行が可能になります。並行して実施できるものをあらかじめ計画しておくこと、デザイン／実装の実作業においてはスタック（停滞）がない順序を計画することは、スケジュール全体の効率化を実現します。

どのツールを採用するかも設計フェーズで

プロジェクト設計でついつい忘れがちなのが、やり取りで使用するツールの検討です。セキュリティなどの観点であらかじめ使用できるツールが組織として決められている場合を除き、自由に選択できるなら、どのツールを採用するかについて考えましょう。

先述したように、ツール採用の基準は「誰でも使える標準化されたもの」。長年デザインプロジェクトに携わるなかで多くのツールを試してみましたが、カロアでは以下のツールに落ち着いています。

▶ **コミュニケーションツール**：Slack

- **ドキュメント作成**：Google Docs
- **スケジュールや数値の管理**：Google Spreadsheet
- **共有資料の格納**：Google Drive
- **デザイン制作／共有／プロトタイプ**：Figma
- **会議ツール（ホワイトボードツール）**：FigJam

　まずはこれらのツールでプロジェクトを開始して、もし不具合があれば別ツールへの移行を検討してみてください。

コラボレーションできるプロジェクト

　プロジェクト設計においては「失敗しないこと」、いわゆる守りの考え方が基本となります。ここからは本書のテーマである「パートナーシップを育む」という視点で、プロジェクトの設計について考えてみます。

発注者もデザインチームも、みんなでワンチーム

　プロジェクトを通してパートナーシップを育てるためには、発注者とデザインチームの垣根をなくした日々のコミュニケーションが重要です。パートナーシップは1日にしてならず。プロジェクト期間中の日常的な連絡や会議でのやり取りを蓄積することで、少しづつ育まれていきます。そこで重要になる考え方が「各メンバー間の相互コミュニケーション」です。

　コラボレーションできていない状態は、コミュニケーションの方向性／関係性が下から上で、デザインチームと発注者のコミュニケーションにおいてプロマネに集中してしまっています。効率的ではありますが、相互の関係性が育まれません。

　コラボレーションの状態は、各メンバー同士が双方向のコミュニケーションをとっています。コミュニケーションの量は増えますが、一方で個々人の関係値が上がり、発注者もチームの一人として、メンバー全体のコラボレーションが生まれます。

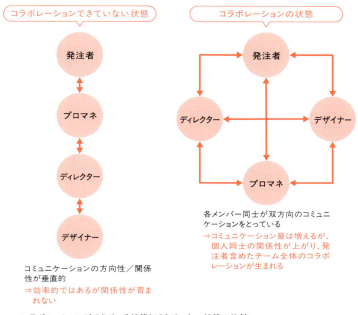

コラボレーションができている状態とできていない状態の比較

　この図の右側のように、発注者もデザインチームも垣根なく、メンバー個人個人が連携できている状態がコラボレーションの状態です。このコラボレーションを続けることがパートナーシップを育むことになります。

　ただ、図の中の矢印の量を見ると、左より右の方が量は増えるので、プロジェクト全体のコミュニケーションコスト（コラボレーションコスト）は通常よりも大きくなります。プロジェクト期間やスコープによっても判断する必要はありますが、コラボレーションを実現するためには発注側のメンバーの人数はできるだけ少人数に絞るとよいでしょう。

　コラボレーションの状態はメンバーの心理的安全性が確保され、流通する情報量の増加によってリスクマネジメントへも寄与できる優れた構造です。

　この構造は、初回のプロジェクトでは非効率になる側面がありますが、2回目以降のプロジェクトでは、メンバー同士で意思疎通ができた状態から始められ、長期的には効率的な状態へと成長していきます。

コラボレーションのための設計

さて、コラボレーションができる状態を理解いただいたうえで、発注者の方はプロジェクト設計フェーズでどのようなことを確認しておくべきでしょうか。

▶ **発注側のメンバーの人数**：Webデザインプロジェクトは通常半年～1年程度の案件となります。この期間、デザインチームとのコラボレーションのためのコミュニケーション量を想定すると、プロジェクトのコアメンバーが増える分、コミュニケーションへの工数が増加します。

「念の為に○○さんも毎週の定例に参加してください」とついついメンバーを増やしたくなる気持ちはわかりますが、発注側のコアメンバーは多くとも3人程度が基準となります。期間が短い場合はその分プロジェクト人数も絞ってメンバー選定をしましょう。

▶ **デザインチームとのコミュニケーション**：発注側のメンバーだけではなく、デザインチームのメンバーについても確認する必要があります。デザインチームのメンバーの個性にもよりますが、全メンバーと一度はミーティングで面識を持つことが理想です。

時々、デザイナーが作った資料をディレクターから共有する方法で進行する場合があります。これはこれでひとつの進行方法として間違っていませんが、コラボレーションの視点からは良くない方法です。デザイナーと発注者が直接会話をするなかでお互いの考え方を吸収できることも多いものです。そこで設計フェーズでは、「皆さんが会議に参加されますか？」などプロジェクト期間中のコミュニケーションについて確認しましょう。

▶ **適切なスケジュールの確保**：コラボレーションの状態を作り、各メンバーが相互にコミュニケーションをとるには、スケジュールの設計が重要です。過度にコミュニケーションをとる必要はありませんが、無理のない程度にスケジュールを確保しましょう。ただ、スケジュールが有り余る状態だと、プロジェクト全体の雰囲気が緩んでしまいます。

無理はないけれど過剰な余裕もない適切な期間だからこそ、チーム全員が同じ方向を目指して気を引き締めて進められます。

プロマネに求められる俯瞰的視点

　皆さんは、野球観戦やサッカー観戦をしたこと、またはスポーツで自身がプレイヤーとして参加したことはありますか？　発注者やプロマネに必要なスキル「俯瞰」について、スポーツを例にお伝えします。

　普段私たちがテレビやスマホで見るスポーツの映像は、複数のカメラから撮影された映像を切り替えながらひとつの画面が作られています。野球では、ピッチャーを背中に打者へ投球するシーン、キャッチャーを背中にバッターが打った打球をカメラで追うシーンなど。一方で、現場で観戦している人、プレイしている人は、自分の視点だけで試合を見ています。

　もちろんサッカー選手もプレイ中に上からフィールドを見ることはできません。しかし、視野の広さが求められるサッカーでは、まるで上からの映像を見てフィールドを俯瞰しているかのように振る舞う選手がいます。サッカーだけではなくバスケやラグビーなどフィールドスポーツ全般において、この俯瞰能力は「ホークアイ」と呼ばれ、優れた選手はチームの司令塔として機能します。

　プロマネの視点はまさにホークアイ、俯瞰的視点での判断が求められます。プロジェクトの成功に責任を持つプロマネは、常にその全体を見渡し、要所要所での柔軟な対応が求められます。たとえば、各ステークホルダーとの交渉が必要な場面では現場の動きと並行して根回しをする、設計フェーズで十分なリソースが見込めなければ会社に対してメンバー追加を要求するなど。

　プロジェクト全体を俯瞰して、プロジェクト成功のためならできる限りのことをする。プロマネの行動ひとつで、プロジェクトはどんなかたちにもなり得ます。プロマネはプロジェクトに対して、誰よりもクリエイティブな思考を発揮できる楽しい役割です。

[設計フェーズ]

5-2 変動しない項目を整理する「プロジェクト仕様書」

プロジェクト設計のための1つ目の資料「プロジェクト仕様書」について解説します。これまでのフェーズで作成した情報を整理し、プロジェクトの期間やゴールを明文化することで、共通認識の齟齬を防ぎましょう。

ステップ・ゴール
「プロジェクト仕様書」に沿って、プロジェクト要件にお互いが合意する。

コラボレーション内容
「プロジェクト仕様書」は契約内容とも紐づく重要な資料。些細な認識のズレがないよう両者で念入りに確認する。

デザインチームの役割
プロジェクトに関する情報を「プロジェクト仕様書」に整理する。作成にあたり不明点がある場合は、速やかに発注側に確認をする。

発注側の役割
デザインチームが作成した「プロジェクト仕様書」に対して、提案書や過去のやり取りと相違がないか確認をする。

依頼者 ├─┼─┼─┼─┼─┼─┼─┼─┼─┤ デザインチーム

プロジェクト仕様書の概要

まずは、改めてプロジェクト仕様書の概要を説明します。

- ▶ **プロジェクト仕様書の内容**：ゴール、スコープ（作業範囲）、要件整理、ステークホルダー一覧、リスク共有、使用ツール、コミュニケーションルール
- ▶ **プロジェクト仕様書の目的**：ステークホルダー全体に本プロジェクトの内容を伝えること。お互いの認識に齟齬がないように、プロジェクト開始時に同期的に共有
- ▶ **運用頻度**：決まらないことをドキュメントにして、合意をとるための資料なので運用/更新は基本的にはしません。しかし、プロジェクトの途中で要件が変更になったり、ステークホルダーが追加になるなどのプロジェクト定義自体が変更される場合は、該当の箇所を変更する必要があります。

発注側の確認項目

プロジェクト仕様書にはWebサイトの構築要件など専門的な内容も含まれるため、デザインチームに作成を依頼します。また、プロジェクト設計書の作成を含めた「プロジェクト進行」はデザインチームのスコープですが、発注側がまったく関与しないスタンスでは受発注の関係にしかなりません。スコープは相手にあっても、できる限りのコミットをすることでパートナーシップが育まれます。

プロジェクト仕様書の合意形成のために、発注者の皆さんは以下の観点で確認および必要があれば調整や修正を依頼しましょう。

- ▶ **金額とスコープ**：見積時との内容と差異がないか、また見積もり内容とスコープが合致しているか。
- ▶ **記載内容の正誤**：自社のメンバーリストやWebサイトの構築要件など、自社から提供する情報が正しいかどうか。
- ▶ **リスクマネジメント**：発生しうるクリティカルなリスクを記載し、リスク範囲や影響およびそれらのトラブルシューティングについて互いの認識が

合っているか。

プロジェクト仕様書の作り方

　ここからは実際にダウンロード資料に沿って、プロジェクト仕様書を作っていきます。資料の理解を深めるためにも、実際に手を動かして記入してみましょう。

1) **プロジェクト概要**：これまでの相談内容や見積項目を参照してプロジェクト概要を記載します。ステークホルダーへの共有など、本資料が独り歩きした場合でも「どのようなプロジェクトか」を簡潔に認識してもらうための項目です。

プロジェクト概要		
プロジェクト名	**ゴール**	**期待する成果**
宿泊事業のブランドサイト リニューアル プロジェクト	株式会社Example様の運営する ホテルのブランドサイトを リニューアルする	● 1年以内にコンバージョン率5%増加 ● ノーコードツールの活用による自社運用

プロジェクト概要の記入例

2) **スコープと成果物**：発注者とデザインチームの互いのスコープを明確にします。プロジェクトによって、どこまでがスコープなのかは異なります。戦略などは含まずWebデザインだけを依頼するのか、特定のページのみを対象にデザインおよび実装まで依頼するのか。また、プロセスにおいてもどちらが情報設計やコピーライティングをするのかなど、あらかじめ明確に認識を揃えることで、見積もりに含まれる内容に齟齬なく進行することができます。

　また、スコープに準じた成果物も明記します。たとえば、制作プロセスにおける資料やデザインデータを成果物とするかなど、個別のプロジェクトによって具体的な内容は異なりますので必ず仕様書として合意をとります。

スコープ		
フェーズ	依頼者	制作会社
全般	● 社内承認	● 進行管理・サポート
設計	● 原稿のご提供 ● タグなど各種設定情報の提供 ● ドメイン情報の確認・連絡 ● 成果物の確認	● 要件定義 ● 戦略設計 ● 情報設計 ● コンテンツ設計
制作	● 成果物の確認 ● 公開前テスト・検証	● デザイン ● 画像素材（撮影含む） ● 実装 ● 目視、網羅テスト
運用	運用・更新	運用サポート

成果物		
フェーズ	依頼者	制作会社
設計	原稿支給	● プロジェクト設計書／スプレッドシート ● スケジュール／スプレッドシート ● サイトマップ／ PDF ● ディレクトリマップ／スプレッドシート ● ワイヤーフレーム／ Figma ● コンテンツマップ／ PDF
制作	なし	● デザインデータ／ Figma ● 実装データ／ Studio
注意事項	ノーコードツール「Studio」での制作のため、HTML/CSS のソースコードは納品物に含まれていません	

スコープと成果物の記入例

3）Web サイト制作要件：Web サイトを制作するためには、どういった環境で
制作するのかをあらかじめ決定する必要があります。なぜなら環境によっ
てデザインの制約や工数に大きな差が出るからです。また、リニューアル
プロジェクトの場合は既存の環境を共有しておくことで、トラブル発生時
の解決に必要な情報となるなど、リスクヘッジの役割も果たします。

5

5-2
変動しない項目を整理する「プロジェクト仕様書」

Webサイト制作要件	
項　目	内　容
対象OS／ ブラウザ	【デスクトップ】 　Windows（Windows 11.x）：Microsoft Edge、Google Chrome、Firefox の各最新版 　Mac（OS 13 以降）：Safari、Google Chrome、Firefox の各最新版 【スマートフォン】 　iPhone（iOS 16 以降）：Safari、Google Chrome の各最新版 　Android（ver.11 以降）：Google Chrome の各最新版 【タブレット】 　基本表示確認のみで対象環境としては設定しません。対応が必要な場合はご連絡ください。
使用フォント	Web フォントを使用します。
SEO要件	株式会社デザインの SEO ガイドラインに則って実装いたします。ただし、検索結果の順位表示 などの成果を保証するものではありません。
アクセシビリティ	株式会社デザインの Web アクセシビリティのガイドラインに則って実装いたします。ただし、 視覚障がい者向けの特別な対応は行っておりません。必要な場合はご連絡ください。
公開ドメイン	brand.example.com
ツール連携	Google Analytics
ドメイン管理	XServer ドメイン
現状サーバ	AWS

Web サイト制作要件の記入例

4）プロジェクトチーム：発注者とデザインチームそれぞれのステークホル
ダーをリストで記載します。また、「プロジェクトでの役割」を明確にする
「連絡窓口」はできる限り1人とすることで、両者間のコミュニケーション
を円滑にします。また、緊急時用の電話番号を記載することも忘れないよ
うにしましょう。

プロジェクトチーム		
名　前	所属・役割	連絡先
佐藤 健太	株式会社 Eexample ／連絡窓口	kenta.sato@example.com ／090-XXXX-XXXX
鈴木 真由美	株式会社 Eexample ／決済者	mayumi.suzuki@example.com
高橋 大輔	株式会社 Eexample ／請求書送付	daisuke.takahashi@example.com
田中 美咲	株式会社 Eexample ／契約書送付	misaki.tanaka@example.com
名　前	所属・役割	連絡先
山本 花子	株式会社デザイン／プロジェクトマネージャー	hanako.yamamoto@design.jp ／090-XXXX-XXXX
中村 悠斗	株式会社デザイン／ディレクター	yuto.nakamura@design.jp
小林 玲奈	株式会社デザイン／デザイナー	rena.kobayashi@design.jp
加藤 拓海	株式会社デザイン／アシスタントデザイナー	takumi.kato@design.jp

プロジェクトチームの記入例

5) 使用ツール：プロジェクトを進行するためには資料共有やデザインフィードバックなど、共通で使用するツールが必要となります。5-1で解説した内容を踏まえて、ツールの決定および合意をとります。また、デザインチームと発注側で共通のツールを使用できない場合、プロジェクト開始までに代替ツールを検討する必要があります。

使用ツール		
ツール名	目　的	URLなど
Slack	コミュニケーション全般	https://caroa-inc.slack.com/xxxxxx
Google Docs	原稿作成／管理	https://docs.google.com/document/xxxxxx
Google Spreadsheet	スケジュールや数値の管理	https://docs.google.com/spreadsheets/xxxxxx
Google Drive	共有資料の格納	https://drive.google.com/drive/folders/xxxxxx
Figma	デザイン制作／共有／プロトタイプ	https://www.figma.com/design/xxxxxx
FigJam	会議ツール（ホワイトボードツール）	https://www.figma.com/board/xxxxxx

使用ツールの記入例

6) コミュニケーション（連絡）方法：5-1でもお伝えしたように、コミュニケーションの繰り返しによってパートナーシップを育てることができます。このコミュニケーションの方法、頻度、留意事項などを事前に伝え、常にここで合意したルールに沿って実施します。

- 打ち合わせは、設計・デザイン確定までは、1週に1回程度の間隔で開催させていただきます。以降は必要に応じた随時開催とします。
- オンラインのお打ち合わせでは株式会社デザインの録画Botが自動で入室して録画を行います。録画NGの場合には担当者にご相談ください。
- 連絡は平日10:00-19:00とさせていただきます。

コミュニケーション（連絡）方法の記入例

7) リスクの共有：どのようなプロジェクトにも一定のリスクが伴います。Webデザインプロジェクトにおいても、共通して発生しうるリスク、プロジェクトごとに考えうるリスクがあり、事前の共有とともに、クリティカルなものについては解決策についてもプロジェクト開始時に検討する必要

があります。

- 最終的に決定するページ数が増加した場合、それに伴い設計・制作工数も増加するため、納期や金額への影響が懸念されます。
- 調査が必要な場合に、調査結果が当初の想定を超える場合、全体の納期や金額に影響を及ぼす可能性があります。
- デザインの決定期間が想定より長くなった場合、承認プロセスの遅延によりプロジェクト全体の進行に影響が出ます。
- 原稿の手配が遅れる場合、コンテンツ制作やページ構成に影響を与え、全体の納期に影響する可能性があります。
- 原稿の分量が想定より多い場合、入力・レイアウト調整の工数が増加し、スケジュールの見直しが必要となることがあります。
- 実装仕様の複雑さにより開発難易度が上がった場合、想定以上の実装時間が必要となり、信仰に影響する場合があります。

リスクの共有の記入例

[設計フェーズ]

5-3 変動する項目を可視化する「スケジュール書」

プロジェクト設計のための2つ目の資料「スケジュール書」について解説します。この資料は、プロジェクトの進捗に応じて運用し、共通のスケジュール感を持ってプロジェクトを進めるための指針となります。

ステップ・ゴール
スケジュール書を作成し、ゴールまでの道のりを明確にする。

コラボレーション内容
プロジェクトのマイルストーンとゴールにおいて共通認識をつくり、同じ方向を見て行動できる状態を作る。

デザインチームの役割
プロジェクトの不確実性に耐えうる「スケジュール書」を作成し、共有時にはバッファとルーティンの意図を説明する。

発注側の役割
デザインチームが設定したスケジュールの実現性を確認し、調整が必要な場合は速やかにデザインチームへ共有と相談をする。

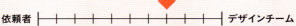

スケジュール書とは？

まずは、スケジュール書の概要を説明します。

- ▶ **スケジュール書の内容**：スケジュール、マイルストーン、タスク一覧
- ▶ **スケジュール書の目的**：ステークホルダー全体にプロジェクトゴールまでの道筋、現在地を共有。そして、現時点での重要事項、対応すべき項目をタイムリーに共有する。同期および非同期で確認
- ▶ **運用頻度**：プロジェクト中、常に更新し続けます。マイルストーンによる進捗確認、毎週のタスク管理、トラブル発生時のスケジュール調整など、複数の粒度や視点でプロジェクトを管理し、進捗のための更新が必要です。

発注側の確認項目

スケジュール書もプロジェクト仕様書同様に、デザインチームに作成と運用を依頼しますが、できる限り協力して一緒にスケジュールをまとめていくことを心がけてください。スケジュール書において発注側が特に確認しておくべき項目を以下に整理します。

- ▶ **マイルストーンの内容が明確か**：お互いが担当する業務の具体的な内容、ゴール、期待される成果物がわかるかどうかを確認します。
- ▶ **締切が現実的か**：スケジュール内で自社が対応可能な時間とリソースが確保されているか、無理のない締切かを確認します。
- ▶ **優先順位が明確か**：複数のマイルストーンがある場合、どれを優先すべきかを確認し、承認プロセスが発生する場合は優先順位に従って先回りして動けるように想定します。
- ▶ **進捗報告のルール**：進捗状況をいつ・どのように報告すればいいか（例：毎週、Slackで、チーム全体へメンションして報告する、など）を確認します。
- ▶ **Webサイト公開日**：Webサイトの公開日または納品日がプロジェクト仕様書と合致しているか確認します。

スケジュール書の作り方

　ここからは実際にダウンロード資料に沿って、スケジュール書を作っていきます。資料の理解を深めるためにも、実際に記入してみることをおすすめします。

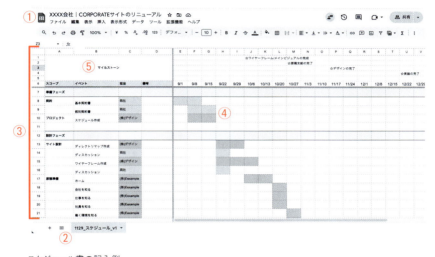

スケジュール書の記入例

- ①**プロジェクト名の入力**：ダウンロード資料をコピーしてSpreadsheetを作成します。ファイル名（プロジェクト名）を入力します。例：XXXX会社｜CORPORATEサイトのリニューアル
- ②**バージョンの入力**：履歴管理が必要になるので、作成した日付とバージョン情報を入力します。例：1129_スケジュール_v1
- ③**スケジュール概要の入力**：スコープ、フェーズ、担当、備考の順番にゴールまで書き出します。基本的なWebプロジェクトであれば、プロジェクトごとに大きな差はないのでテンプレート資料をそのまま使用し、必要ないフェーズは削除してください。
- ④**概算スケジュールの設定**：各フェーズごとに1週間単位でおおよそのスケジュールを設定します。全体のスケジュール設計はデザインチームが行う

ので、発注側は自社のスコープのスケジュールを確認します。スケジュールの色を変えることで、両者ともにいつどのようなタスクが発生するのか、ある程度の算段を立てられます。ここのスケジュールで現実的ではないものがある場合、プロジェクト開始前に調整をします。「公開」の週は赤で塗ることで、より目立たせて共通認識を作ります。

⑤ **マイルストーンの設定**：「④概算スケジュール設定」に合わせてマイルストーンを追加します。多くはスコープ単位での終了目処にマイルストーンを立て、☆マークを入れます。プロジェクト固有の節目（例：上長への承認、年内の納品物など）がある場合は必ず日付を含めて事前に確定させましょう。

スケジュール作成の考え方

　スケジュール書はプロジェクト仕様書とは異なり、未来の不確実性の高い内容について整理する資料です。実際に先述の「④概算スケジュール設定」を入力しようとしても、「これで現実的かな？」「この内容を2週間って、他の業務と並行できるのか？」「もしトラブルが発生したら？」など、プロジェクト設計者自身も不安になると思います。そこで、ここではスケジュール設定における基本的な考え方を紹介します。

バッファ設計：万一のトラブルに備える

　バッファ（Buffer）とは、余裕時間やクッション時間のことを指します。スケジュールや計画を立てるときに、予想外の出来事や遅延が発生した場合でも対応できるように、余分に設けておく時間です。

▶ **目的**

- **リスクへの備え**：タスク遅延、予想外のトラブル、追加タスクなど、不確実性に対応するための時間を確保します。
- **プロジェクト全体の安定性向上**：バッファがあることでスケジュール全体が揺らぎにくくなります。
- **チームのストレス軽減**：余裕のないスケジュールはプレッシャーを生みますが、バッファを設けることで余裕を持ってタスクに取り組めます。

▶ **実践**

● **フェーズ単位でのバッファ設定**：プロジェクト、タスク、フェーズ、どの単位でもバッファを設定できますが、フェーズ単位でのバッファを推奨しています。プロジェクト単位だとバッファ期間の算出方法が曖昧になり、タスク単位では大きなトラブルが発生したときにまとまったバッファがなくリスクヘッジに不足する場合があります。

● **バッファ設定の意味の共有**：バッファは「ゆとりある時間」ではなく、「リスク対応の時間」であることをチーム全体で共有します。この共有がないと「まだ余裕があるから大丈夫」などバッファの意味を誤って捉えてしまい、メンバー全体の一体感に影響を及ぼします。

ルーティン設計：プロジェクト全体にリズムを与える

ルーティン設計とは、プロジェクトを円滑に進めるために、定期的に行う活動や手順をあらかじめ設計することです。これにより、プロジェクトチームが一定の周期で活動できます。

ルーティン設計は、プロジェクトの複雑さを軽減し、タスク漏れや進捗遅延を防ぎ、メンバー間の連携を強化します。

▶ **目的**

● **プロジェクトの進行管理**：定期的なルーティンによって、進捗や問題点を把握しやすくなります。また、作業プロセスが体系的になり、誰が何をするべきかが明確になします。

● **コミュニケーションの活性化**：チームメンバー間で情報共有をルーティン化することで、認識のずれを防ぎます。

● **リスクマネジメント**：トラブルが発生しても、日常的な確認作業で早期に発見・対応できます。

▶ **実践**

● **共同の定例会議**：制作物や戦略へのフィードバック、ディスカッションの場面です。できるだけ会議までに資料を確認し、適宜コメントを残すことで会議の時間を効果的に使用できます。

- **社内のみの定例会議**：自社内のタスクの進捗を確認、直近の動きにおいてリソースが十分か、リスクがないかなどの定期的な確認をします。
- **週次の進捗報告**：週初めに、1週間のタスク、定例会の予定などを共有します。

▶ **ルーティン例**

水曜：共同会議

木曜〜月曜：タスク実施

月曜：週次報告、社内会議

火曜：お互いのタスクに対するフィードバック

水曜：共同会議にて同期レビュー

スケジュール書の運用方法

　スケジュール書を設計する際には、「運用が現実的か」という視点も重要です。メンバーがスケジュール書を見て運用をイメージできない状態では、プロジェクトのリスクとなります。そこで、ここからは作り方と合わせて運用方法もお伝えします。

1）**スケジュールの共有と合意形成**：キックオフミーティングでスケジュールを明確に説明し、関係者の意見を取り入れます。特に、マイルストーンを軸に合意形成をします。

2）**毎週の確認**：週単位でのスケジュールの進捗確認、定例会などで定期的なリスク管理。

3）**期間調整**：順調に進行できている場合は必要ありませんが、どんなプロジェクトでも一度はスケジュール調整が発生するものです。タスクの遅れ、トラブルの発生など、大小様々なトラブルが発生した場合、バッファを活用するなどして、該当フェーズの期間延期などの調整をします。また、やむを得ないトラブルの場合は公開日や納品日を遅らせるためにステークホルダーへ説得し調整をします。

4）**変更管理**：「3）期間調整」の結果、必要であればマイルストーンとスケジュールの全体を調整します。変更するたびに、スケジュールv2、スケジュールv3……と運用します。特に過去のスケジュールは、誰が見ても過

去のものとわかるように「現在使用していません」など大きく注意を記載します。

不確実性コーン

スケジュール書の作成と関連して、「不確実性コーン」という考え方を紹介します。これは、プロジェクトの進行とともに不確実性が徐々に減少する様子を示しています。

特にプロジェクトの初期段階では、情報が不足しているため、計画の精度が低くなる傾向にあり、この不確実性が時間の経過とともに徐々に減っていく様子を視覚的に表したものを「コーン」の形にたとえています。

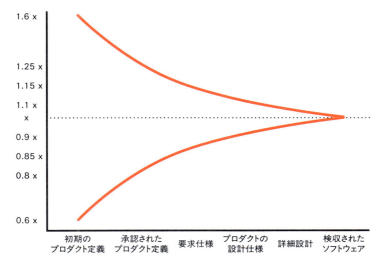

不確実性コーン（スティーブ・マコネル『ソフトウェア見積り 人月の暗黙知を解き明かす』を参考に作成）

不確実性コーンの特徴

▶ **初期段階の不確実性が高い**：プロジェクト開始時は要件やスコープが明確でないことが多く、見積もりや計画に誤差が生じやすい。
▶ **進行に伴い不確実性が減少**：プロジェクトが進むにつれて、仕様が具体化し、リスクが明確になり、計画の精度が向上します。

▶ **完全にゼロにはならない**：プロジェクト終了直前まで、何らかのリスクや予期せぬ課題が発生する可能性は残ります。

不確実性コーンとスケジュール設計の関わり

スケジュール書の設計と運用において、不確実性コーンは次のような影響を及ぼします。

▶ **初期計画の限界についての理解**：プロジェクト初期のスケジュールは、情報不足のため大きな誤差を含む可能性があります。不確実性が高い状態で厳密な計画を立てようとするのではなく、大まかな目安を示す程度に留め、柔軟性を持たせる必要があります。

▶ **進行に伴うスケジュールの精度向上**：時間が経つにつれて、プロジェクトの状況や課題が明確になるため、スケジュールも具体的かつ現実的なものに更新できます。そのため、進行と並行して、スケジュールを更新し続けることで、常にその時点で最も精度の高いスケジュールを運用することができます。

▶ **リスク対応を考慮したバッファの設定**：不確実性が高い初期段階では、スケジュールに余裕（バッファ）を持たせることが重要です。不確実性が減少し、計画の精度が向上するにつれて、バッファを適切に再調整します。

▶ **フェーズごとの見直しの計画への組み込み**：不確実性コーンを考慮したスケジュール運用では、プロジェクトのマイルストーン終了時に計画を見直すポイントを設けます。

[設計フェーズ]

5−4　キックオフ会議で合意形成をとる

プロジェクト設計書の合意形成の場面となるキックオフ会議の解説をします。キックオフ会議はステークホルダー全員が顔合わせをする数少ない場面のため、事前のアジェンダ資料とアジェンダ整理が会議の成功を大きく左右します。

ステップ・ゴール
キックオフ会議でプロジェクト設計書への合意をとる。

コラボレーション内容
当日の会議が滞りなく進行するように、お互いが両社の関係者へ事前に資料共有や概要説明を実施し、準備を徹底する。

デザインチームの役割
事前にキックオフ会議のアジェンダを設定する。会議当日は議論が長引かないよう時間管理をする。

発注側の役割
会議前はステークホルダーへの事前共有を行い、会議当日はプロジェクト全体の温度感を高めるため積極的に発言をする。

キックオフ会議は合意と開始の場

キックオフ会議はその名前の通り、プロジェクトを始めるための初回の会議です。「キックオフ会議だけはリアルで集まって！」といった依頼もあるほど、プロジェクトにとって重要な意味があります。

なぜ、キックオフ会議が重要なのか。それは、以下の項目を達成しうる機会となるからです。

1) **チームの一体感の醸成**：プロジェクトのステークホルダーが集まり、挨拶やメンバーの紹介をし、個々の信頼関係を深め、一体感を醸成します。全員がプロジェクトに対する責任感を持ち、ゴールを目指すために士気を上げ、パートナーシップの土壌を作ります。

2) **プロジェクト概要の合意形成**：プロジェクト設計書の内容に齟齬がないか、ステークホルダー全体に対して合意をとります。合意形成ができることで、誤解や認識のズレを防ぎ、スムーズな意思決定とプロジェクト遂行が可能になります。

また、パートナー決定から1週間を目標にキックオフ会議を実施できることが望ましいです。

- ▶ **1週目**：プロジェクト設計書の準備、キックオフ会議の実施
- ▶ **2週目**：プロジェクト設計資料の追記・修正
- ▶ **2週目以降**：定例会議のスタート

当日のアジェンダ例

Webデザインプロジェクトにおけるキックオフ会議の流れは、どのようなプロジェクトであってもおおよそ同じようなアジェンダとなります。

1. **挨拶**：参加者全員の簡単な自己紹介
2. **プロジェクト概要の説明**：プロジェクト仕様書を用いて概要を共有
3. **リスク確認**：潜在的なリスクや懸念事項の共有とディスカッション

4. **コミュニケーションツール紹介**：使用するツールや頻度の確認
5. **スケジュール確認**：スケジュール書のマイルストーンを含むタイムラインの確認
6. **次回の予定**：次回会議やタスクの明確化

合意形成の基本

前述のアジェンダ例で記載した内容の多くは、プロジェクト設計書をもとにした合意形成のための項目です。

合意形成の段取りと各資料の要点を事前に整理して、キックオフ会議を実施します。

合意形成のための段取り

1) **画面共有をしながら確認する**：各項目に誤りがないか、画面を共有しながら進行します。このとき、全資料を一度に説明するのではなく、小分けにして確認することで一つひとつの資料への理解が深まります。

2) **全員に対して合意をとる**：資料の中で特に重要な点については「この内容で進めて問題ないか」を全員に対して明確に尋ねます。また、要所要所で「認識の齟齬がある方はお知らせください」といった意思の確認をします。会話ができない環境から参加されているメンバーがいる場合は会議ツールにあるリアクション機能などで反応を促しましょう。

3) **記録する**：録画ツールを活用してすべての発言を記録することで、「言った・言わない」の問題を回避し、プロジェクト期間中の認識の齟齬を防ぎます。録画データは「X月X日の開始からXX分頃の内容を確認してください」といったかたちでステークホルダーへ共有ができるので、参加できないメンバーへ正確かつスムーズに情報伝達ができます。

各資料ごとの合意形成ポイント

1) **プロジェクト仕様書**：各項目に誤りや認識の齟齬がないか、細かく確認します。特に「リスクの共有」の内容は、1文ずつ口頭で伝えます。不足や誤りが判明した場合、その場で情報を訂正します。

2）**スケジュール書**：プロジェクトのフェーズや担当者を共有し、各マイルストーンを確認します。このとき、スケジュールは不確実性が伴うため、概要レベルで合意を得ます。また、各フェーズにバッファを設定している旨を共有します。

使用ツール：ホワイトボードツール

キックオフ会議や定例会議では、アジェンダ、議事録、会議中のスライドや画像データなど、使用する情報の種類が多く、長期間になるほど管理が大変です。

これらの情報をできる限り一元管理する目的で、カロアでは会議にホワイトボードツールを採用しています。「過去の会議のデータはすべてホワイトボードに貼ってある状態」を作ることで、以下のようなメリットがあります。

1）**リアルタイムでの視覚的共有**：ホワイトボードツールを使うことで、議論の内容やアイデアをその場で視覚的に整理できます。文字だけでなく図やフローチャートを用いることで、複雑な情報も直感的に理解しやすくなり、全員の認識を揃えやすくなります。
2）**リモート環境との親和性**：リモートワークや分散型チームが増えるなか、オンラインホワイトボードツールはどこからでもアクセス可能です。会議参加者全員が同じ画面を共有し、リアルタイムで編集や書き込みができるため、物理的な制約を超えて円滑に議論を進められます。
3）**議事録管理の効率化**：ツール内で行った記録はそのまま保存・共有できるため、議事録作成の負担を減らせます。また、会議の実施日順に議事録が一元管理されるので、履歴管理の工数を削減できます。
4）**会議前のコメント共有**：会議前にアジェンダをホワイトボード上で作成・共有することで、参加者が内容を事前に把握できます。事前にフィードバックがある場合は会議資料内にコメントを記載し、あらかじめコメント内容を確認したうえで会議を始められます。

MiroやMicrosoft Whiteboardなど複数のホワイトボードツールがありますが、Figmaが提供しているFigJamというツールがおすすめです。Webデザインプロジェクトでは Figma は欠かすことができないデザインツールであり、そ

のFigmaと垣根なくデータをやり取りできたり、権限設定も両ツールで同じ設定ができるので、作業効率化を図れます。

「正常にぎこちない」のがキックオフ会議

　発注者とデザインチームの会議はコラボレーションのための重要な時間です。一方で、キックオフ会議は初めて参加するメンバーやコアメンバー以外のステークホルダーも集まるため、通常であれば「ぎこちない」会議になると思います。

　どちらかというと緊張した雰囲気から、メンバー全員がワンチームとして機能する状態に変化するまでには、必要なプロセスがあります。そこで、プロジェクト期間中のチーム形成のプロセスを体系化した「タックマンモデル」を紹介します。

タックマンモデル

　タックマンモデルは、チームが形成されてから目標を達成するまでのプロセスを段階的に示したモデルです。チームの成長過程を理解することで、プロマネやメンバーが適切に対応できるようになる考え方として広く用いられています。アメリカの心理学者ブルース・タックマン（Bruce Tuckman）が1965年に提唱したもので、次の5つの段階から成ります。

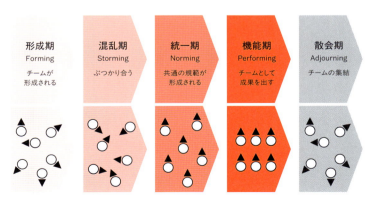

タックマンモデル
（Tuckman, B. W.（1965）「Developmental sequence in small groups.」を参考に作成）

1. 形成期（Forming）

特徴：チームが結成されたばかりで、メンバー同士が互いに探り合い、役割や期待が不明確な状態。

メンバーの行動：プロジェクトのゴールや規則を確認し合う。お互いに礼儀正しく接するが、受け身になることが多い。

プロマネの役割：チームの目標や役割を明確にする。メンバー間の信頼関係を構築するための環境を整える。

2. 混乱期（Storming）

特徴：意見の相違や役割の競合が表面化し、対立や混乱が発生しやすい時期。

メンバーの行動：意見の衝突や摩擦が増える。意見や認識のすり合わせのための時間が増え、プロジェクト全体の進行が停滞する可能性がある。

プロマネの役割：過剰な対立を回避し、建設的な議論に導く。明確なルールや期待値を再確認する。

3. 統一期（Norming）

特徴：対立が減少し、メンバーが互いの役割や貢献を認識し、チームとしてまとまり始める段階。

メンバーの行動：信頼と協力が生まれる。チーム目標に向けて協調的に動く。

プロマネの役割：チームの成長を促進し、メンバーの貢献を称賛する。メンバー同士の活動を優先し、プロマネは一歩下がりプロジェクトを観察する立場になる。

4. 機能期（Performing）

特徴：チームが高い効率で機能し、成果を生み出せるようになる段階。

メンバーの行動：自律的に役割を果たし、目標達成に向けて全力を尽くす。効果的に協力し、問題を迅速に解決できる。

プロマネの役割：チームの進捗を支援し、必要に応じてリソースを提供する。定期的なリスク確認を実施して、プロジェクトの安定性を担保する。

5. 解散期（Adjourning）

特徴：プロジェクトの完了や目標達成に伴い、チームが解散する段階。

メンバーの行動：達成感や寂しさを感じる。経験を振り返り、次の活動に備える。

プロマネの役割：チームの成果を称え、メンバーの貢献に感謝する。振り返りを行い、学びを次回に活かす。

キックオフ会議とタックマンモデルの関連

キックオフ会議は、タックマンモデルの形成期に該当し、以下の役割を果たします。

- ▶ **目標の明確化**：チームが共有する目的やプロジェクトの成果物を明確にし、全員が同じ方向を向くための基盤を作ります。
- ▶ **チームの形成**：自己紹介やアイスブレイクを通じて、メンバー同士の距離感を縮め信頼関係や協力的な雰囲気を築きます。
- ▶ **役割と責任の割り当て**：チーム内で誰がどのタスクを担当するか、合意形成の手法や問題解決のプロセスを明確にし、不安を軽減します。
- ▶ **ルールの設定**：コミュニケーションの方法や会議の頻度、進捗報告の形式など、基本的な運用ルールを決めます。

キックオフ会議はメンバー同士が役割や期待について不明確な状態です。筆者の経験からは、不安定な状態は約1ヶ月程度で抜け出し、2ヶ月目から「統一期」「機能期」へとチームが成長します。

ただ、プロジェクトによっては混乱期が長く続き、結局メンバーの入れ替えによって解決せざるを得なくなるものや、統一期までは通常通り進捗したものの機能期への移行に苦戦するものもあります。

また、パートナーシップの考え方をタックマンモデルに当てはめると、2回目以降の継続したプロジェクトができる関係性があれば、「形成期」「混乱期」をスキップした状態でいきなり「統一期」や「機能期」からプロジェクトをスタートできます。これはコスト面で見てもお互いにとって大きな工数削減になります。

[設計フェーズ]

5-5 着実にプロジェクトを前進させるための「タスクシート」

プロジェクト期間中に毎日運用をし、チーム全体のタスクを管理するための「タスクシート」の解説をします。一つひとつのタスクを着実に実行し、プロジェクトを前進させる環境を整える資料です。

ステップ・ゴール
タスクシートを作成し、タスク管理の共通認識を持つ。

コラボレーション内容
常に双方のチームの動きを把握し、タスク遅延などのリスクが発生した場合は速やかに報告し、必要に応じて調整を行う。

デザインチームの役割
タスクシートの作成から運用まで、管理の実行を担当する。タスク進捗に関するコミュニケーションも役割に含まれる。

発注側の役割
タスク確認や完了報告を徹底し、担当タスクへのコミットメントを継続することで、プロジェクトメンバーとしての責任を果たす。

依頼者 |—+—+—+—+—+—+—+—+—| デザインチーム

プロジェクトはタスクの連続

　Webデザインプロジェクトでは、1つのゴールに向かってコラボレーションを繰り返し、着実に前進していきます。課題設定やターゲット策定、コーディング、テスト、公開など、数多くのプロセスが連続する長期間の活動です。

　すべてのプロセスで一つひとつのタスクを正確に実行することは、プロジェクト全体のスムーズな進行と最終成果物の品質向上に関わります。発注者（クライアント）としても、プロジェクトにおけるタスクの重要性と、タスク管理を理解することがプロジェクトの成功に欠かせません。

発注者にも重要なタスクが発生する

　デザインプロジェクトでは、発注者自身も重要なタスクを担っています。たとえば以下のようなタスクがあります。

▶ **事業についての情報提供**：プロジェクトの初期段階では、発注側からの情報提供がプロジェクトの基盤となります。ターゲットの特性、競合の状況、ブランドの理念など、これらを提供するのは発注者の役割です。ここでの情報の質と正確性が、後の工程に大きく影響します。

▶ **コンテンツ提供**：Webサイトやデザイン制作には、文章や画像などのコンテンツが不可欠です。発注者が正確で適切な原稿を予定通りに提供することは、プロジェクトのスケジュールを守るうえで非常に重要です。支給の遅れや不備は全体の進行に影響を与えるため、事前の準備が求められます。

▶ **フィードバックの提供**：デザイン案が提出され、発注者からのフィードバックにより方向性が決まります。そこで、抽象的なコメント（例：「なんとなく違う」「もっと良くしてほしい」）は避け、具体的な意見を提供することが重要です。

▶ **承認作業**：プロジェクトには節目となる承認の場面があります。このとき、迅速かつ的確に承認することで、プロジェクト全体のスピード感を保つことができます。承認が遅れてしまうと、他のタスクが停滞し、スケジュール全体が遅れる原因となります。

「タスクシート」でタスクを可視化する

　連続するタスクを予定通り実行し、プロジェクトを前進させるためには、タスクを可視化することが有効な手段です。これから紹介する「タスクシート」を使用することで、どのタスクが進行中か、また遅延しているタスクはないか、などタスク全体の把握ができます。

　タスクが見える化されることで、発注側は具体的かつ俯瞰的にプロジェクトを確認でき、デザインチームとの連携もスムーズになります。

タスク管理のための「タスクシート」

　タスクを予定通りに実施するための「タスクシート」の使い方を説明します。ダウンロード資料として配布していますので、実際に入力してタスク運用のシュミレーションをしてみましょう。

基本構成：スケジュール書との紐づけ

1. ダウンロード資料には記載済みですが、一番上の行には管理項目になる「スコープ／タスク／期限／担当／進捗／備考」を記載します。1つのタスクについて、これらの要素を軸に管理します。

管理項目を記載する

2. 次に、一番左の列を埋めていきます。「どのフェーズのタスクか」を認識し、常に全体の中でどんな役割のあるタスクを実行しているのかを確認できるように、スケジュール書の「スコープ」と紐づけます。

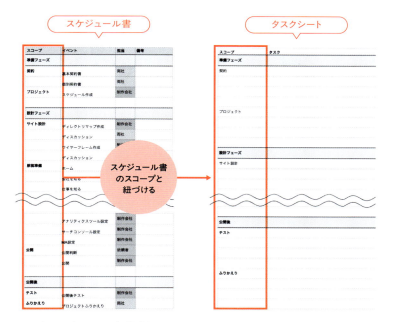

スケジュール書のスコープと紐づける

3. 続いて、スケジュール書の「イベント」をタスクシートの具体的な「タスク」へ落とし込みます。予定されている日付を記載しておきます。これによって、項目単位での締切がタスクシート上で確認ができます。この項目との紐づけ後、マイルストーンとの整合性がとれているかも確認します。

4. また、先のタスクになるほど不確実性が高くなるので、正確な締切を設定するのではなく参考値として入力します。数ヶ月後のタスクであっても、確定はしていないがおおよそのスケジュール感がわかる状態を目指します。

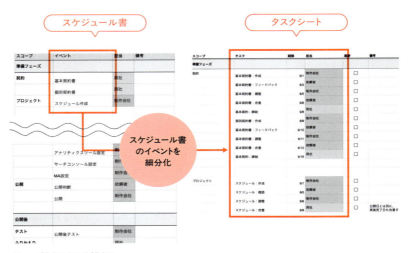

フェーズをタスクに分解する

タスク計画：1ヶ月先までの締切設定

1. タスクシート作成当初は不確実性が高かったタスクであっても、時間の経過とともに締切日が明確になっていきます。そこで、目安として「1ヶ月先」までのタスクが現実的なスケジュールかどうかを確認し、必要によって締切日を更新します。

2. タスク一覧の中で向こう1ヶ月のタスクは、できる限り締切を明確に設定します。同時に、タスク実施のためのスケジュールが現実的かどうかを確認します。

3. 「1ヶ月先」までを把握するためには、各メンバーが個別に把握しているタスクがないようにします。たとえば、定例会議の終了時などリラックスした雰囲気の中で「1ヶ月後のマイルストーンのために、タスクシートにあるタスク以外に必要そうな業務はありますか？」と問いかけることで、意見を引き出しやすくなります。

進捗確認：直近1週間のタスク管理

1. 「タスク計画」はあくまで想定される締切を設定している状態ですので、現

在進行中のタスク、特に直近1週間で実施予定のタスクの明確な締切日を確定します。また、できる限り最小単位のタスクを記載をします。

2. 「備考」には、関連するタスクや資料などを紐づけます。スプレッドシートはセル単位で、SlackやFigmaも該当箇所を指定してリンクを取得できるので、タスクの備考欄には具体的な情報のリンクを紐づけるようにします。1つのタスクに関連する情報はこのタスクシート上で一元管理します。

3. 定例会や週次報告のタイミングで、直近1週間のタスクの締切日と詳細について認識の齟齬がないか各タスク単位で確認をとります。

4. 締切までにタスク担当者が報告をし、その後完了したタスクにはチェックマークを入力します。

5. 締切当日までに報告がない場合は、進捗状況の確認をします。もし予定通りに実行できない場合は早急に現実的なスケジュールを引き直し、サイト公開や納品日が遅れることがないのかを確認しましょう。

[設計フェーズ]

5-6 過去と未来のリスクに備える

プロジェクトでは前に進めることだけでなく、後戻りを防ぐためのリスクマネジメントも欠かせません。ここでは、リスクを過去と未来に分け、それぞれに適したリスクヘッジの方法を解説します。

ステップ・ゴール
プロジェクトに個別最適のリスクマネジメントを実施する。

コラボレーション内容
お互いがプロジェクト全体のリスクマネジメントに積極的に関与し、リスクに備えた報告や調整を継続的に実施する。

デザインチームの役割

プロジェクトにおけるリスクマネジメントの方針を決定し、運用に対して責任を持つ。

発注側の役割

リスクマネジメントの運用方針に従い、できる限り早めのリスク共有を徹底する。

依頼者 ├─┼─┼─┼─┼─♥─┼─┼─┼─┼─┤ デザインチーム

過去に潜むリスク

　プロジェクトの失敗を防ぐためのリスクヘッジについて、本書ではリスクを過去と未来に分けて解説します。

　まずはじめに、過去に潜むリスクについて考えます。過去は既に終わった出来事の集合体に思えるかもしれませんが、デザインプロジェクトではしばしば「過去の認識の違い」が大きなトラブルを引き起こします。

致命的なトラブルを防ぐ「録画」

　パートナーシップにおいて最も重要なのはお互いの信頼です。どれほど良好な関係を築いていたとしても、「言った」「言わない」の争いが起きてしまえば、その信頼は一瞬で崩れます。このような水掛け論を防ぐためには、「履歴の管理」が非常に重要です。

　メールやチャットツールであればテキストとして伝えた内容が記録されますが、打ち合わせでの会話を一言一句テキストで残すことはできません。そこで、各打ち合わせはできる限り「録画（録音）」を残します。過去のやり取りを正確に記録しておくことは万が一の際に両社にとって建設的な議論を進めるための重要な資料となります。

　特にリモート会議が増えている現在では、自動録画ツールの導入が非常に有効です。画面共有の内容も同時に記録されるため、誰がどのような内容を共有したのか、その共有内容についてどんなフィードバックがあったのかも確認できます。

小さな認識の違いを解消する「コメント管理」

　致命的なトラブルを防ぐのに録画は有効ですが、実際の現場で発生する小さな認識の違いを解決するために毎回録画を見直すことは非効率です。また、小さな認識の違いを完全に防ぐことは現実的ではありません。たとえば「（本来の指示はオレンジだったのに）前回の会議でビジュアルの色味を赤くしてほしい、とフィードバックしたような気が……」と疑問が発注側から上がるシーンはよくあります。

　こういった小さな認識の違いは、防ぐのではなく、「すぐに履歴を確認でき

る状態を作っておく」ことが重要です。該当の議論にすぐにアクセスできるように、過去の議論を管理しておくのです。議事録でもその機能を果たしてくれますが、議事録は日付単位の管理となるので、いつの発言だったかを遡るのに時間がかかる場合もあります。

　そこで、おすすめの管理方法が「資料単位のコメント管理」です。たとえば、ビジュアル資料へのフィードバックをコメント機能や付箋機能などで直接貼り付けておけば、「赤かオレンジか？」といった疑問は録画を確認することなく解消できます。

　実際にカロアでは、1つのプロジェクトのアジェンダは1つのFigJamファイル内にすべて記入しています。また、デザイン資料はFigmaのデザインファイル内にすべて履歴を残しています。

　FigJamでは付箋機能、Figmaではコメント機能を使用しています。これらの機能は記入者のアカウントと記入日を自動で記録され、いつ誰が何に対してどんなコメントをしたか、各資料単位でファイル内に一元管理ができます。

Figmaのコメント機能の例

未来に潜むリスク

　未来のリスクは、未だ訪れていない結果や変化に対する不確実性です。その

ためすべてを予測することは不可能であり、予測しうるリスクに万遍なく対策しようとすると、リスクを管理するために管理しなければいけなくなり、プロジェクトとして本末転倒となります。

そこで、未来に潜む不確実性については個別の対策ではなく、どのリスクに対してどの程度の対策をするのかといった「リスクの取り扱い」を身に付けることが重要です。

未来のリスクに備える姿勢

未来のリスクすべてに対策をすることは現実的に不可能なので、「リスクは発生しうるもの」として考える必要があります。スケジュールのバッファは、リスクのための調整期間です。

また、リスクに備えるうえで最も重要なことが、「プロマネがリスクと積極的に向き合い、メンバーに安心感を与える」ことです。メンバー全員がリスクへの意識を持ちすぎてしまうとプロジェクト全体のパフォーマンスに影響が出ます。「リスクを考え過ぎること」は、それはそれで1つのリスクになるのです。

そこで、プロジェクトの責任者であるプロマネが常にリスク管理をし、適切な対応策を講じている状態を維持することで、メンバーがリスクへの不安にとらわれず、自身のタスクに安心して集中できる環境を整えられます。

未来のリスクの取り扱い：抽出 → 評価 → 対策

未来に潜むリスクを適切に管理するには、単に思いついたものすべてに対策を講じるのではなく、体系的かつ効率的に取り組むことが求められます。未来のリスクには無数の可能性が存在し、そのすべてを予測して対応するのは現実的ではありません。そこで重要なのが、「抽出→評価→対策」という明確な手順に沿ってリスクを扱うことです。

リスクの抽出

リスク管理で最も重要かつ困難なのは、「リスクを認識する」ことです。リスクを認識できれば適切な対処により解決や軽減が可能ですが、認識できていないリスクが突然発生すると大きな問題に発展します。

リスクの早期認識のためには、プロジェクトマネージャーだけが考えるのではなく、メンバーから定期的にリスクを共有してもらうため、プロマネは以下の行動からリスクを抽出しましょう。

- **常に聞く姿勢でいる**：「不安なことがあれば、いつでも連絡してください」などのアナウンスを繰り返し、メンバーからのプロマネへのリスク共有が滞らない状態を保つ。プロジェクトに慣れていないなど、自身からの共有にハードルを感じているメンバーにはDMで連絡をとり、心理的安全性を担保する。
- **リスクの有無を会議で尋ねる**：社内定例会など同期コミュニケーションの場で、「起こり得そうなリスクはありますか？」と定期的に聞く。メンバーからのリスク共有がない場合は「1ヶ月後のトップページ制作において必要な情報は揃ってますか？」など特定のタスクについて状況を聞いてみる。

リスクの評価

抽出したリスクは、「影響度」と「発生可能性」の2軸からなるリスクマトリクス（4象限）で整理します。

まず、リスクマトリクスに抽出したリスクを配置します。右上の影響度／発生可能性がともに高いリスクを、対策すべきリスクとして扱います。その他のリスクは経過観察をします。影響度、発生可能性ともに経過によって変化し、対策すべきリスクに格上げすることもあります。

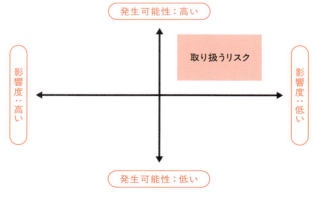

リスクマトリクス

リスクの対策

　リスクに対する「対策」というと大掛かりに感じるかもしれませんが、まずは迅速に懸念事項を整理して、メンバーに共有することが重要です。対策時の基本フローは以下になります。

1. **原因の把握**：リスクの根本原因を明確化
2. **リスクの内容整理**：発生するリスクと、その影響範囲を整理
3. **未然防止の行動を特定**：防ぐために必要な具体的アクションを決定
4. **依頼事項の明確化**：必要なサポートやアクションを関係者に伝達

　また、Webデザインプロジェクトでは、「時間」によって解決できる問題も多く見られます。たとえばデザインの作成やその決定、さらに原稿の手配といったタスクが代表的です。

　こうした問題への対応には、繰り返しになりますが、スケジュールにバッファを設けることが効果的です。特にリスクマネジメントの視点を取り入れて初期段階でスケジュールを作成することで、予期せぬトラブルへの備えが強化され、プロジェクト成功の可能性を大きく高めることができます。

Chapter

Webサイトを設計する

6-1 　課題設計：「なぜWebサイトを作るのか？」を見える化する

6-2 　セグメント設計：「届ける人」を見える化する

6-3 　戦略設計：「訪問者の経路」を見える化する

6-4 　コンテンツ設計：「届ける情報」を見える化する

6-5 　情報設計：「ユーザー体験」を見える化する

6-6 　ブランド設計："らしさ"を見える化する

[設計フェーズ]

6-1 課題設計：「なぜWebサイトを作るのか？」を見える化する

Webサイトをどう活用し、自分たちの利益へどう紐づけるかを設計するための「課題設計」を解説します。自社や事業の課題とWebサイトの関係性を具体的かつ鮮明に把握することからWebサイト設計に着手します。

ステップ・ゴール
プロジェクトのゴールとなるWebサイトの「課題設計マトリクス」と「カスタマージャーニーマップ」を作成する。

コラボレーション内容
設計資料に対してプロジェクトメンバー全員が共通認識を持てるように、資料共有だけでなく質疑応答の機会を設ける。

デザインチームの役割
依頼側が作成した「課題設計マトリクス」と「カスタマージャーニーマップ」に対し、Webサイト設計全体の視点でフィードバックをする。

発注側の役割
デザインチームに課題設計の資料を通じて自社の課題を明確に共有するため、必要に応じてステークホルダーへ確認をとる。

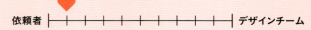

事業や組織の課題から、Webサイトの課題を設計する

　課題設計はプロジェクト全体の判断基準となる重要な設計フェーズであり、以降の各種設計の判断基準としても使用します。

　課題設計の手順は、大きく2つの段階で進められます。まずは「STEP 1：Webサイトが解決する課題」を、次に「SETP 2：Webサイトの活用における課題」を言語化します。この過程では、「課題設計マトリクス」を記入することで、課題を言語化しデザインチームと共通認識を形成します。

　課題設計は事業の施策を把握したうえで、Webサイト個別の課題へと解像度を高めます。このように課題を段階的に明確化することで、以降の設計フェーズ全体の精度を向上させることが可能になります。

　また、課題設計の進め方には役割分担が重要です。「STEP 1：Webサイトが解決する課題」を自社内で着手しデザインチームへと共有します。そして「SETP 2：Webサイトをどのように活用するか」ではデザインチームが主導となり、課題設計を完了するケースが一般的です。

SETP 1：「Webサイトが解決する課題」を明確にする

　STEP 1は、「そもそもなぜWebサイトを作るのか？」という問いへの回答です。これを言語化するために、事業や組織全体の課題を明確にします。Webサイトは、事業や組織が抱える課題を解決するための施策のひとつとして設計・制作・運用されるものです。そのため、主目的が曖昧なままでは結果として曖昧なWebサイトしか作れなくなります。

　課題設計マトリクスは、1. 問題から課題の選定、2. 課題から施策の決定、3.「Webサイトの活用」の明確化、の順番で作成します。たとえば、あるスタートアップが提供するSaaSツール（中小企業向けのタスク管理ツール）を例に考えてみましょう。このマトリクスから課題を言語化すると、「Webサイトを活用して、"潜在顧客に対する認知度の低さ"という課題にアプローチする」と設定できます。

問題	前年度比、単月新規顧客の4ヶ月連続の減少		
課題	潜在顧客に対する認知度の低さ		
解決の手段	オンライン		オフライン
	Webサイトの活用	Webサイト以外	
	● ランディングページの最適化 ● 訪問ユーザーの分析 ● ケーススタディや顧客の声の公開 ● インタラクティブなデモや動画の提供 ● 無料トライアル申し込みの提供 ● 検索エンジン最適化（SEO）	● メディア露出（PR） ● SNSキャンペーン ● レビューサイトの活用 ● メールマーケティング ● ターゲティング広告	● 郵送DM ● テレアポ ● アライアンスの構築 ● ワークショップの開催 ● 印刷物の配布 ● 展示会でのブース出展

事業全体における課題設計マトリクスの記入例：スタートアップが提供するSaaSツール

SETP 2：「Webサイトの活用における課題」を明確にする

STEP 2では、デザインチームとディスカッションしながら進めます。Webサイトの活用方法は、制作や運用の実績、日常の情報収集や技術への理解など、複数の経験から蓄積される知見をもとに策定されるためです。つまり、STEP 1の解像度が高いほど、デザインチームとSETP 2で「Webサイトの活用における課題」を精度高く設定できます。

また、対象となるWebサイトが既に運用されている場合は、デザインチームへ現状のWebサイトの分析を依頼することでも課題設計の精度を高められます。一方で、対象が新規サイトの場合、このSTEP 2は仮説ベースで進めることになります。公開後に仮説を検証し、改善を繰り返す運用を続けることで、課題解決の精度を向上させていきます。

先ほどの例と同様に、STEP 2のマトリクスも記入してみます。このマトリクスから「Webサイトの活用における課題は、サイト内のコンバージョン率を改善する」と設定できます。

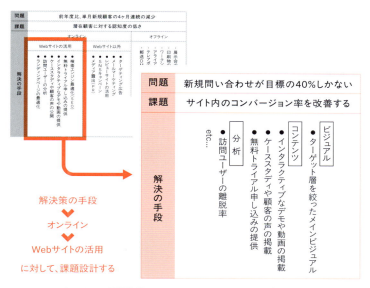

Webサイトの活用における課題設計マトリクスの記入例：スタートアップが提供するSaaSツール

STEP 1で言語化した課題と合わせると、例として挙げたスタートアップが提供するSaaSツールのWebサイトの課題は、「事業の潜在顧客に対する認知度の低さを解決するためのWebサイトの活用において、コンバージョン率を改善することが課題である」であると定義できます。

「KGI」と「KPI」で数値目標を設定する

定義した課題に対して、実際にWebサイトが解決手段として機能するかどうかは、定量的な分析によって判断します。ここでは「KGI」と「KPI」という2つの概念が重要な役割を果たします。

「KGI」と「KPI」とは

KGI（Key Goal Indicator）は「重要目標達成指標」とも呼ばれ、最終的に達成すべきゴールを数値化したものです。たとえば、Webサイトを活用して売上を伸ばしたい場合、KGIは「年間売上1億円の達成」といった具体的な目標と

して設定されます。

一方、KPI（Key Performance Indicator）は「重要業績評価指標」の略で、KGI を達成するために必要なプロセスを具体化し、それを測定するための指標です。KGI に到達するための中間目標のような役割を果たします。

KGI から KPI を設定する手順

1. **KGI を明確にする**：Web サイトの最終的なゴールを定義します。たとえば BtoB 企業の場合、「新規商談件数を年間 500 件増やす」という目標が KGI となりえます。

2. **KPI を設定する**：KGI を達成するために必要なステップを分解し、それぞれの進捗を測る指標を決定します。たとえば、「ユニークユーザー数」や「コンバージョン数（資料請求数や問い合わせ数）」が KPI として設定されます。

3. **KPIの測定と調整**：設定した KPI を定期的に測定し、KGI 達成に向けて適切に進んでいるか確認します。もし進捗が芳しくない場合は戦略を調整する必要があります。

ビジネスの全体像から Web 制作の予算を再検討する

課題設計が進むと、課題が明確化されるにしたがい追加の要件が発生することが多々あります。その場合は Web サイトの予算についても再検討する必要があります。

予算の再設定方法は組織によってさまざまですが、ここでは「予想される利益の増加額をもとに逆算する」アプローチを紹介します。Web サイトへの投資効果を具体的に算出することで、明確な根拠をもって予算を設定できます。

算出手順

1. **年間目標コンバージョン数をもとに、受注件数の増加量を見積もる**：新しい目標値を設定し、それがどの程度受注件数の増加につながるかを予測します。

2. **受注単価や利益率から年間利益の増加額を算出する**：1 件あたりの売上

（LTV：Life Time Value）や利益率をもとに、受注増加分による年間の利益増加額を計算します。

3. **年間利益増加額をウェブサイトの利用予定期間で掛け合わせる**：ウェブサイトをどれだけ長期間使う予定か（例：5年間）を考慮し、利益増加額を累積的に見積もります。

4. **運用コストを差し引き、初期投資回収額を概算する**：累積利益増加額からウェブサイト運用に必要なコストを引き、その差額を初期投資の回収目安として算出します。

算出例

1. 現在のCV数：月10件／年120件。リニューアル後の目標CV数：月20件／年240件。CVの増加数は年120件。

2. 年120件に現在の受注率＝30％をかけると、期待できる受注増加数は年36件。

3. 受注1件あたりの売上が平均150万円で、利益率が20％の場合、期待できる年間利益増額は年1,080万円。

4. ウェブサイトを5年間使う予定とすると、5年間の利益増額は5,400万円（1,080万円×5）。

5. 運用コストは月75万円×12か月×5年と仮定し、5年間の運用コストは4,500万円。

6. 5年間の利益増額5,400万円から運用コスト4,500万円を差し引くと、リニューアルの初期コストの損益分岐金額＝900万円。

ダウンロード資料に「予算算出シート」がありますので、ぜひ一度使用してみてください。

Webサイトの役割を相対的に理解する 「カスタマージャーニーマップ」

課題設計を通じて、Webサイトは事業の課題と直接紐づき、課題解決のためのひとつの施策であることがわかります。先のSaaSツールを例にすると、

Webサイトを活用して顧客リストを収集し、セグメントごとにメルマガで育成を進める。Webサイトのメッセージをプロダクト全体の世界観と統一する。展示会出展に向けたデモ動画を作成しWebサイト上で公開するなど、関連する施策も発生します。

　Webサイトの使い方は多種多様であり、標準化された正解というものは存在しません。プロジェクトごとに最適なWebサイトの活用方法を見つけ出す必要があります。そこで、Webサイトが事業の他の施策とどのように関係しているのかを整理し、その関係性から必要な役割を明確にするためのツールとして、「カスタマージャーニーマップ」を紹介します。

　これは、顧客が認知から購入に至るまでのプロセスを整理したもので、行動やタッチポイントを可視化し、それぞれのフェーズでどのような施策をどんな目的で行うべきかを明らかにするものです。このようにして、Webサイトの役割をより具体的に理解し、効果的に活用することができるのです。

フェーズ	認知 >	理解 >	検討 >	商談 >	購入・推奨
顧客の行動	タスク管理の課題を感じ、解決策を探す	解決策の候補をリサーチし、特徴を比較する	最適なツールを選定し、導入の可否を検討	試用版やデモを活用し、導入を決定	実際に利用し、社内外に共有・推奨
企業の目的	タスク管理の課題に共感してもらい、一ビスに興味を持ってもらう	SaaSツールの特長と導入メリットを理解してもらう	具体的な活用シーンをイメージしてもらう	成功事例やROIを示し、導入決定につなげる	ユーザー満足度を高め、他者に推奨してもらう
タッチポイント	●メディア記事 ●広告 ●SNS ●検索エンジン ●業界イベント	●Webサイトの導入事例 ●ブログ記事 ●ホワイトペーパー ●ウェビナー	●無料トライアル ●比較記事 ●オンラインデモ ●ユーザーレビュー	●営業担当との商談 ●カスタマーサクセスチームとの相談	●コミュニティ ●ユーザー会 ●SNSでの口コミ
コンテンツ例	●タスク管理の課題を解決する記事 ●プレスリリース ●動画コンテンツ	●導入企業の事例 ●機能紹介 ●成功事例 ●FAQ集	●ユーザーの声 ●比較表 ●料金プラン解説 ●使用感レビュー	●ROIシミュレーション ●具体的な導入フロー ●カスタマイズ事例	●ベストプラクティス集 ●業務改善事例 ●活用ノウハウ
コンバージョン	●メルマガ登録 ●無料eBookダウンロード ●SNSフォロー	●製品紹介ページへの誘導 ●個別相談の予約	●無料トライアル申し込み ●デモリクエスト	●見積もり依頼 ●導入ステップの確認	●導入事例の共有 ●レビュー投稿の依頼

カスタマージャーニーマップの例

　カスタマージャーニーマップで重要なのは、「Webサイトがどのフェーズで機能するのか」と「Webサイトにはどこからユーザーが来てくれて、どこへユーザーを送り出すのか」を明確にし、それに基づいてWebサイトの目的や活用方法を細分化することです。このマップを活用することで、Webサイトが果

たすべき役割を具体的に捉えることができます。

　さらに、6-4で解説する「コンテンツマップ」では、カスタマージャーニーマップを参考にしながら、必要なコンテンツを精査する役割も果たします。

　カスタマージャーニーマップをデザインチームと共有することで、Webサイトの課題に対する認識のズレを解消し、設計全体の精度が向上します。

抽象度の高い課題設計の場合

　Webサイトで「集客」や「採用」を目的とする場合、課題設計は定量的な観点から進めることが可能です。しかし、ブランディングなど抽象度の高い目的の場合には、定量的な観点だけでなく定性的な観点が必要です。たとえば、コーポレートサイトのリニューアルでコーポレートブランディングを目的とする場合、既存のイメージから刷新するのかどうか、またどのような方向性でどの程度刷新するのかといった定性的な課題設計が求められます。

　デザインチームは、抽象度の高い課題を扱う際に、ファシリテーションや創造的な問いの考案、ワークショップの設計など、デザイン思考を活用したアプローチを提供します。また、この抽象度の高い課題設計は、プロジェクトごとに個別最適のプロセスを開発する必要があります。そこで、ここからは例としてカロアの考え方や手法を紹介します。

抽象度の高い課題の定義

「課題」という言葉の扱いには注意が必要です。「何を課題とするか」の認識が曖昧なまま議論を続けても、主観的な意思決定につながるリスクがあります。そのため、課題は「将来のありたい姿と現在の姿のギャップ」として定義します。

▶ **将来のありたい姿**：企業や組織が目指す中長期的な方向性を示します。ミッション・ビジョン・バリューのようなフレームワークで表現することもありますが、ビジュアライズやキャッチコピーを用いることもあり、その表現手法はさまざまです。

▶ **現在の姿**：現在の状態を指します。これは明確な問題のある状態、および

明確な問題はなくとも課題感や危機感を感じている状態を含みます。

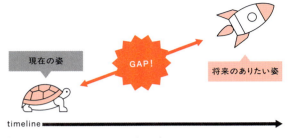

「将来のありたい姿と現在の姿のギャップ」のイメージ

たとえば、「20周年を機に、コーポレートサイトをブランディング目的で刷新したい、地方の自動車部品メーカー」では以下のようになるでしょう。

- **将来のありたい姿**：次世代のモビリティを支えるパートナーとして、地域から世界へ挑戦する企業
- **現在の姿**：地方の部品メーカーとして業績は悪くないが、中長期的には会社の魅力が薄れていくのではないかと懸念している。市場に対しては、良くも悪くも業界のニッチなメーカーだ。一方でグローバルの取引はほとんどない。
- **Webサイトの課題**（「将来のありたい姿」と「現在の姿」のギャップ）：実績ある技術力とその応用力において、「日本の信頼できるブランド」としてグローバル市場での認知を図る

未来への問いを作る

ブランディングにおける課題を「将来のありたい姿と現在の姿のギャップ」と定義したとき、まずは「将来のありたい姿」を明確にします。最初に未来の話をすることで、アイデアの幅を広げることができます。現状から話を始めてしまうと、可能性を限定してしまったり、既存の課題にとらわれてしまうことが多いためです。

「未来にどんな状態でいたいのか」を社内やデザインチームとディスカッションすることで、共通の未来像が生まれ、一体感が生まれます。その未来像に基づき、デザインチームも新たなアイデアを提案し、コラボレーションが進みま

す。

とはいえ、「将来のありたい姿」は主観的な要素が強く、社内やデザインチームと認識を合わせる難易度は高いです。そのため、創造的な発想を引き出す「未来への問い」から課題を抽出するアプローチが有効です。このプロセスは客観的な視点と専門的な知見が求められるので、デザインチームへ依頼しましょう。

▶ **「未来への問い」を使った「将来のありたい姿」の抽出：**
1. 未来と現在のギャップを浮き彫りにするための「問い」を作成します。
2. 「問い」の回答を集め、潜在的な課題や抽象的なもやもやを言語化します。
3. その中から、重要度の高い内容をキーパーソンとともに選び出します。
4. 回答はWebサイト制作フェーズで重要な指標になる場合もあるため、資料として整理します。

▶ **「問い」の作成例**（コーポレートサイトリニューアルの場合）：
1. 2030年の今日は平日です。朝起きるのが楽しみになるような「1日のスケジュール」を教えてください。
2. あなたが最も誇らしく思える30年後の状態はどのようなものですか？
3. 会社が最終目標とする「いかなるグローバル企業でも絶対に真似ができない」独自の価値提供を、できる限り具体的に3つ教えてください。

このような「問い」から得られる回答には、潜在的な課題や現状では気づいていないアイデアが含まれます。これらを具体的な課題に落とし込みます。

またプロジェクトによって、問いを投げかける相手は慎重に選定する必要があります。

▶ **社長や経営層**：会社全体の方向性や課題を見つけるのに適しています。
▶ **事業部長**：事業単位での具体的な課題を見つけるのに適しています。
▶ **メンバー**：現場の視点や意見を取り入れるために重要です。

プロジェクトに適したレベル感の回答者を選定し、「未来への問い」を投げかけるところから始めてみましょう。課題が多角的に捉えられ、より幅広い可能性を見つけることができます。

「BG (bridge the gap) ワークショップ」から課題を見つける

「将来のありたい姿」を決定するための手法をもうひとつ紹介します。「BGワークショップ」と呼んでいるワークショップの実践です。BGとはbridge the gap、つまり「未来と現在のギャップを橋渡しする」こと。リアルの場で、複数人を巻き込んで実施します。メンバーお互いの意見に相乗的な作用が起きることで、ワークショップ自体が合意形成のプロセスとしても機能します。このBGワークショップを実施する場合も、デザインチームがファシリテーションをし、発注側は適切な役職のメンバーをアサインします。以下では、BGワークショップで行う手法を紹介します。

▶ **フラッシュ・インサイト**：潜在的なイメージを見える化する手法です。20〜30枚程度のランダムな写真から直感的に現在と未来のイメージを選択し、選択後に理由を考えるワークショップです。論理的な思考ではなく、潜在的に感じているイメージを表出化させるために、あえて10秒という制限を設けます。

1. ランダムな写真から「現在」と「未来」それぞれのイメージを10秒で選ぶ。使用する写真群は同じものを使用する。

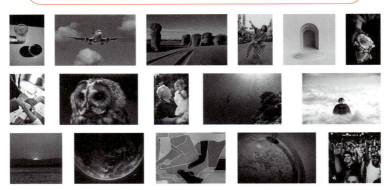

フラッシュ・インサイトの出題例

2. 選択した理由を5分で考えてみる。このとき、直感で選択したイメージ

をきっかけに、自身が潜在的に感じていること考えていることを言葉で表現してみる。

3. ワークショップ参加メンバーでグループやペアになり、それぞれのイメージを共有し、メンバー同士の方向性の違いや共通点を明確にし、「現在」と「未来」にどのような違いがあるのかを言語化する。

▶ **ビジュアライズ・ウィズ・レゴ**：漠然とした認識を見える化する手法です。「自社のビジョンが達成できている状態」と「現在の状態」などのテーマでレゴを作成します。本ワークショップは指先と脳を同時に同時に動かすことで対象物への漠然とした認識を具現化できます。

1. 未来の事業や組織の姿をレゴで作ってみる。

会社のVISIONが達成できている状態とは?

Q どのような意図で、つくりましたか?
- それぞれのステージがあり、全員が主役(緑のブロック)
- 花は個人の個性を意味しており、それが花開いている
- それぞれのステージがつながり、相互作用している
- 個人が相互作用し繋がった形を目指したくて表現しました

Q 作ってみて、どのようなことに気づきましたか?
- 人ブロックの傾斜や姿勢など、細かいところで「喜び」を表現していることに気づいた

ビジュアライズ・ウィズ・レゴの作品例 (1)

2. 現在の事業や組織の姿をレゴで作ってみる。

ビジュアライズ・ウィズ・レゴの作品例（2）

3. お互いのレゴを共有し、パーツの色や形、また全体としての形状など、作品の理由を質問し合います。お互いへの質問を通し、各々が自分のレゴの作品への意味付けをし、メンバー全体の共有点や認識の違いを発見していきます。

ワークショップによるパートナーシップの強化

複数のステークホルダーを巻き込んだワークショップを実施することで、発注者とデザインチームを問わずプロジェクトメンバーの間に一体感が生まれ、パートナーシップが大きく強化されます。

ステークホルダーもプロジェクトメンバーも同じ問いに向き合い、共に答えを見つけることで、フラットな関係性が築かれます。その過程で、お互いの違いや特徴を前向きに認識することができ、相互理解が深まります。

ワークショップの実施は簡単ではありませんが、その分プロジェクトに大きな効果を与えます。

WHYからはじまるWebサイト設計

課題設計は、Webサイト設計の最初のフェーズにして最も重要な設計です。なぜなら、課題設計をもとに他の設計フェーズが進められるからです。Webサイト設計では、「3W3H」というフレームワークを活用します。

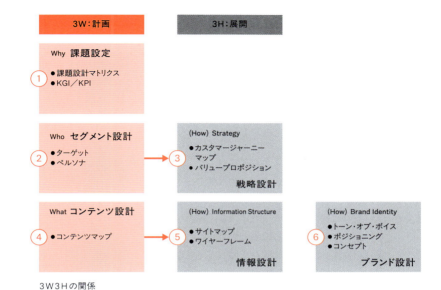

3W3Hの関係

3W3Hの関係性

3W（WHY／WHO／WHAT）は基本設計書として、すべてのプロジェクトで設計します。3H（How Strategy／How Experience／How Identity）は、プロジェクトの要件に応じて取捨選択し設計します。

設計の進め方と順序

3W3Hの設計は、上から下へ順序立てて行うことが重要です。

▶ **WHY（課題設計）**：「なぜこのWebサイトを設計するのか？」という課題を明確化します。この内容が、後続のWHOやWHATの設計に大きな影響を与えるため、最初に取り組む必要があります。

▶ **WHO（セグメント設計）**：「誰に向けたWebサイトなのか？」をターゲットやペルソナを通じて設計

▶ **WHAT（コンテンツ設計）**：「何を提供するのか？」を具体的なコンテンツとして設計

▶ **HOW**：WHO と WHAT の内容に基づき、必要に応じて以下の3つの設計を
行います。

- **How Strategy**（**戦略設計**）：ユーザーのコンバージョン経路を設計
- **How Experience**（**情報設計**）：サイトマップやワイヤーフレームでユー
ザ体験を設計
- **How Identity**（**ブランド設計**）：ポジショニングやコンセプトで本質的価
値を設計

WHY の重要性

　設計の進め方では、WHY→WHO→WHAT の順序で進めていきます。この3
つの設計（3W）は、上の設計が下の設計のリファレンスとなる関係性を持っ
ています。さらに、WHO と WHAT にはそれぞれ HOW（How Strategy／How
Experience／How Identity）が紐づいています。そのため、最初に行う WHY（課
題設計）はすべての設計の基盤となり、ここがしっかりと設計されていなければ、
後続の WHO や WHAT、さらには HOW の設計にも影響が及びます。Web サイ
ト設計のスタート地点として、WHY（課題設計）を丁寧に行うことが、プロジェ
クト成功のカギとなります。

[設計フェーズ]

6-2 セグメント設計：「届ける人」を見える化する

訪問してほしいユーザー像が曖昧なままでは、誰の心にも刺さらないWebサイトになってしまいます。誰に向けたWebサイトかを定義するための「セグメント設計」について解説します。

ステップ・ゴール
「ターゲット」と「ペルソナ」を決め、Webサイトのセグメントを定義する。

コラボレーション内容
事業や採用などの戦略とセグメントの親和性や実現可能性について、それぞれの視点から議論します。

デザインチームの役割
発注側からのセグメント資料が、Webサイト設計に適したものかフィードバックをする。

発注側の役割
セグメント資料はマーケティング部など組織全体で共通の資料としても機能するため、社内ステークホルダーとともに作成する。

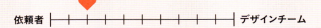

Webサイトを見る人は誰ですか？

セグメント設計を考える前に、ひとつ質問です。「おすすめの宿を教えて！」と言われたら、どんな宿を紹介しますか？　たとえば、リーズナブルな宿、露天風呂で絶景を楽しめる宿、子どもと安心して泊まれる宿など、いろいろな選択肢が思い浮かぶでしょう。「おすすめ」と一口に言っても、相手の目的や予算、誰と行くのかといったニーズなどによって答えは変わってきます。予算を優先する人に高級でゆっくりと温泉が楽しめる宿の情報を伝えても、選択肢からは外されてしまうでしょう。

つまり、「誰に向けて情報を届けるのか？」を明確にしない限り、発信する情報はただ流れていくだけです。コンバージョンすることも、シェアされることも、ブックマークに保存してもらうこともできません。

「ターゲット」と「ペルソナ」

宿の例で考えたように、届ける人によって、届けたWebサイトの情報の価値は変化します。Webサイトで発信する情報の価値を最大化して、購入や予約といった成果につなげるためには、「誰にWebサイトを届けるか」を明確にすることが必要です。

この「誰に」を設計することを「セグメント設計」と呼びます。セグメントは、"グループ"として届ける人を指す「ターゲット」と、"ターゲットの中の代表的な個人"を指す「ペルソナ」の2つの要素から設計します。

▶ **ターゲット：**
- 年齢、性別などの属性であり、ユーザーとなる可能性が高い人々のグループ
- 例：40代後半〜50代後半の女性、既婚、世帯年収1,500万円、子どもは1人いるが既にひとり立ちをしている。

▶ **ペルソナ：**
- ターゲット層の中の架空の代表的な個人
- 例：名前：佐藤美智子／年齢：48歳／職業：会社役員／居住地：東京

都／ニーズ：結婚記念日に夫と特別な時間を過ごすため、上質な温泉と地元の食材を使った料理を提供する宿を探している。部屋でゆっくり過ごせるプライベート温泉付きのプランを希望している。

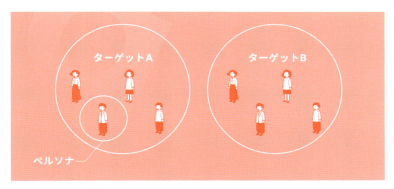

ターゲットとペルソナの違い

ターゲットの作り方と活用方法

ダウンロード資料に「ターゲットシート」がありますので、皆さんの実際のサービスをイメージして記入してみてください。記入する際には、以下の視点や手順に注意して進めると、より効果的で現実的なターゲットを作成できます。

記入時の視点

1) **具体性を持たせる**：抽象的な表現を避け、具体的なエピソードやシナリオを想定します。たとえば、「自然散策が好き」と書くよりも、「紅葉の季節には必ず日帰り旅行を計画する」など具体的な行動を想定します。また、必要以上に細かい情報を詰め込みすぎるとグループの範囲を狭めすぎることになるので注意しましょう。

2) **一貫性を保つ**：各項目間で矛盾がないようにすることが重要です。たとえば、「解決したい課題」で「日常の疲れを癒したい」と書いた場合、「行動パターン」にもその課題解決を意識した行動（例：リフレッシュ目的の週末旅行）が一致する必要があります。

3) **ターゲットの視点で考える**：ターゲットの行動や価値観を自分事として捉

える視点を持ちます。ターゲットにとって何が重要で、どのような要素が意思決定に影響するかを掘り下げて記入します。また、ターゲットを過剰に理想化せず、行動やニーズを現実的に想像します。

記入時の手順

1. **基本情報から埋める**：ターゲットの年齢、性別、職業、収入などのデモグラフィック情報を具体的に記入します。
   例：30代後半、広告代理店勤務、年収1,500万円、東京都在住

2. **ライフスタイルと価値観を掘り下げる**：ターゲットの趣味や興味、日常の行動パターン、価値観を記入します。
   ポイント：旅行や温泉に行く動機を深堀りする
   例：「自然の中で心を落ち着ける時間を求めている」

3. **ニーズと課題を明確化する**：そのターゲットがサービスを利用するきっかけとなるニーズや、日常で抱える課題を具体化します。
   例：「日常の喧騒から離れ、家族で特別な時間を過ごしたい」

4. **行動と情報源を分析する**：情報収集方法（SNS、口コミサイトなど）や行動パターン（どのように旅行を計画するか）を記載します。
   例：「Instagramでハッシュタグ検索し、口コミをもとに意思決定する」

5. **Webサイトへの期待を洗い出す**：ターゲットがどのような情報や機能を期待するのか、具体的に記入します。
   例：「温泉や宿泊施設の魅力が一目でわかる写真とレビューが欲しい」

6. **全体の整合性をチェックする**：各項目が矛盾なく関連付いているかを確認します。

ターゲットの活用方法

ターゲットの情報も作って終わりでは意味がありません。しっかりとWebサイトの設計へと反映させていきましょう。具体的には以下の項目でターゲッ

ト情報を活用します。

▶ **Webサイトの全体的な構成、主要コンテンツの決定**
例：主要ターゲットである「カップル」「家族連れ」「リフレッシュを求める個人旅行者」向けのセクションをトップページに配置。「記念日プラン特集」「家族で楽しめる温泉宿」「一人旅応援プラン」など

▶ **SEOのキーワード戦略立案**
例：ターゲット層が使用しそうな検索キーワードの選定と最適化。「温泉　家族旅行」「カップル　記念日　温泉宿」「日帰り　温泉　リフレッシュ」など

▶ **広告やプロモーション戦略の策定**
例：ターゲット層に合わせたオンライン広告の出稿。旅行関連サイトやInstagramへのバナー広告、「温泉旅行」特化のYouTube動画広告

ペルソナの作り方と活用方法

　ペルソナは架空の代表的な個人について、価値観や行動特性を定義し、特定のサービスユーザーとしてどのような意思決定や制約があるのかをできる限り詳細に明記した資料です。

　デザインチームによってその作成手法はさまざまです。1対1のインタビュー調査やグループディスカッション、観察調査（エスノグラフィー）を得意とするチームもいます。どのような手法が適切かどうかはプロジェクトの目的や予算によって大きく変化しますので、実際のプロジェクトではデザインチームと相談のうえ手法を決定します。

　どのような手法であれ、本来であれば少なくとも1ヶ月程度はペルソナ作成に期間を必要としますが、本書ではペルソナのイメージを具体的なイメージや活用方法を理解することを目的に、生成AIを利用したペルソナの作り方を紹介します。

　ダウンロード資料に「ペルソナ作成のためのプロンプト」があります。ターゲットの作成と同様に、実際に皆さんのサービス情報を入力してペルソナを作成してみてください。

生成AIを利用したペルソナ資料の例

　プロンプトとは、AIに何をしてほしいかを指示する「入力内容」のことです。たとえば、「ターゲットの年齢や職業を考慮してペルソナを作成してください」といった具体的な指示を出します。プロンプトが明確であればあるほど、AIは的確な出力をしてくれます。

「ペルソナ作成のためのプロンプト」の使い方

1. **情報を用意する**：今回のプロンプトを使用する際、ダウンロード資料内の赤文字の情報のみを準備します。
   - **サービス情報**：提供内容（どのようなサービスや商品を提供するのか）、目的（どのような課題を解決するためのサービスか）
   - **ターゲット属性**：本項で作成したターゲット情報をそのまま記入します。

2. **プロンプトをAIに入力する**：準備した情報を、ChatGPTやGoogle Gemini、Claudeなどの生成AIに入力します（ダウンロード資料のサンプルはChatGPTで出力しています）。

3. **AIの出力を確認し、調整する**：AIが作成したペルソナを確認してください。内容が希望と異なる場合や大きくズレている場合は、AIに修正を依頼するか、プロンプトを微調整して再入力してください。

ペルソナの活用方法

　ペルソナの情報は、Webサイトの設計にも活用します。ペルソナ情報には、ターゲットよりも具体的で詳細な情報が含まれているため、要所要所で表現や設計に効果的に活用できます。具体的には、以下の項目でペルソナ情報を活用しましょう。

▶ **ユーザーインターフェース（UI）設計**
　例：スマートフォンでの閲覧を重視したレスポンシブデザイン。宿泊プランや料金情報をページ上部にわかりやすく配置。ワンクリックで予約が完了する簡易フォームの実装

▶ **具体的なコンテンツ設計**
　例：「家族で楽しめる温泉宿トップ5」「温泉旅行で癒しとリフレッシュを叶えるおすすめプラン」

▶ **コンテンツの文言やトーン：**
　● **一般的な表現**：「心身を癒す温泉旅行を今すぐ予約」
　● **ペルソナに合わせた表現**：「忙しいあなたにぴったり。週末は温泉でリラックス＆リチャージを！」

[設計フェーズ]

6-3 戦略設計：「訪問者の経路」を見える化する

ユーザーの流入元から出口先までWebサイト内でどのように誘導すれば、Webサイトの目的を達成できるのかを設計する「戦略設計」を解説します。戦略は課題とのつながりも強いので「課題設計」の内容も振り返りながら設計していきます。

ステップ・ゴール
流入元と出口先をつなぐWebサイト内の経路を設計する。

コラボレーション内容
発注側が分析情報を共有し、デザインチームが戦略設計を担当する。必要に応じて発注側のマーケティング部と連携する。

デザインチームの役割
Webサイトのコンバージョン経路を設計する。複数のコンバージョン先がある場合は優先度も決定する。

発注側の役割
分析内容など戦略設計に必要な情報を共有し、デザインチームが作成した設計資料へのフィードバックをする。

依頼者 ├──┼──┼──┼──♥──┼──┼──┼──┤ デザインチーム

「戦略」を定義しよう

「戦略」という言葉はビジネスのあらゆる場面で頻繁に使われます。しかし、具体的な内容を伴わずに使われるケースも多く、何を意味するのかが曖昧なままになっていることがあります。

そこで、Webデザインプロジェクトにおける戦略設計は、「1）Webサイトの流入元、2）出口先、3）流入元から出口先までの訪問者の経路（コンバージョン経路）、これら3つを設計する」と定義します。

1) **流入元**：ユーザーがどの経路を通じてWebサイトに訪れるのかを設計します。検索エンジン、SNS、広告など、多様なチャネルを考慮する必要があります。
2) **出口先**：ユーザーがWebサイトを訪問した後、どんな行動をとることがゴールとなるのかを明確にします。たとえば、商品の購入、資料請求、会員登録など、目的に応じた複数のコンバージョンポイントを設計することが大切です。
3) **コンバージョン経路**：ユーザーが流入元から出口先に到達するまでのプロセスを設計します。これには、Webサイト内の動線構築や、効果的なコンテンツの配置、ユーザーに行動を促す仕掛け（CTA：Call To Action）を計画することが含まれます。この要素は、特にWebデザインプロジェクトにおける戦略の中心となります。

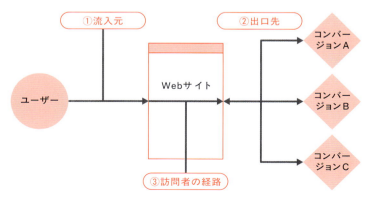

流入元・出口先・コンバージョン経路の関係図

カスタマージャーニーマップとの関連

　戦略設計では、課題設計で活用した「カスタマージャーニーマップ」の情報をもとに、流入元と出口先を抽出することで、設計全体の整合性を確保できます。またこのフェーズでは、カスタマージャーニーマップの情報を各施策が分析・改善可能な単位まで細分化することが重要です。

フェーズ	認知 ＞	理解 ＞	検討 ＞	商談 ＞	購入・推奨
顧客の行動	タスク管理の課題を感じ、解決策を探す	解決策の候補をリサーチし、特徴を比較する	最適なツールを選定し、導入の可否を検討	試用版やデモを活用し、導入を決定	実際に利用し、社内外に共有・推奨
企業の目的	タスク管理の課題に共感してもらい、一ビスに興味を持っても	SaaSツールの特長と導入メリットを理解してもらう	具体的な活用シーンをイメージしてもらう	成功事例やROIを示し、導入決定につなげる	ユーザー満足度を高め、他者に推奨してもらう
タッチポイント	●メディア記事 ●広告 ●SNS ●検索エンジン ●業界イベント	●Webサイトの導入事例 ●ブログ記事 ●ホワイトペーパー ●ウェビナー	●無料トライアル ●比較記事 ●オンラインデモ ●ユーザーレビュー	●営業担当との商談 ●カスタマーサクセス ●チームとの相談	●コミュニティ ●ユーザー会 ●SNSでの口コミ
コンテンツ例	タスク管理の課題を解決する記事 ●プレスリリース ●動画コンテンツ	●導入企業の事例 ●機能紹介 ●成功事例 ●FAQ集	●ユーザーの声 ●比較表 ●料金プラン解説 ●使用感レビュー	●ROIシミュレーション ●具体的な導入フロー ●カスタマイズ事例	●ベストプラクティス集 ●業務改善事例 ●活用ノウハウ
コンバージョン	●メルマガ登録 ●無料eBookダウンロード ●SNSフォロー	●製品紹介ページへの誘導 ●個別相談の予約	●無料トライアル申し込み ●デモリクエスト	●見積もり依頼 ●導入ステップの確認	●導入事例の共有 ●レビュー投稿の依頼

（企業の目的欄に「流入元」→、タッチポイント欄に「出口先」→ の図示あり）

カスタマージャーニーマップを利用した流入元と出口先の細分化

「流入元」と「出口先」の設計

戦略設計の担当者を明確にする

　Webサイトの戦略設計を進めるうえで重要なのは、「誰が何を担当するのか」を明確にすることです。担当者が不明確なままでは、責任の所在が曖昧になり、プロジェクト全体の進行が滞ります。

▶ **流入元と出口先の設計 → 自社マーケティング部門**

　Webサイトの戦略設計における「流入元」と「出口先」の設計は、自社のマーケティング部門が担う重要な役割です。流入元の設計では、SNS広告や検索エンジン最適化（SEO）などを活用して、ユーザーがどのようにWebサ

イトへ訪れるかを計画します。一方、出口先の設計では、訪問者が最終的にどのようなアクションをとるべきか（商品購入、資料請求、問い合わせなど）を定めます。この2つの要素は、Webサイトへの流入数やコンバージョン率を左右するため、戦略全体の基盤となる部分といえるでしょう。

▶ **コンバージョン経路の設計 → デザインチーム**
ユーザーがWebサイト内でどのように行動し、出口先（コンバージョン）に至るかを設計する部分です。具体的には、トップページからサービスページ、コンバージョンページまでの動線を最適化します。この設計はWebサイト設計のプロであるデザインチームが担当します。

▶ **各担当者が連携する重要性**
Webサイトの戦略設計は、これら3つの要素がそれぞれ独立して存在するものではありません。流入元、出口先、訪問者の経路は密接に関連しており、全体として一貫性が求められます。そのため、マーケティング部門とデザインチームの連携ができることが好ましいです。役割を明確にし、それぞれの専門性を活かしながら協力することで、戦略設計がより効果的に機能するのです。

流入元と出口先の標準的な知識

　流入元と出口先の設計をマーケティング部門が担当する場合であっても、Webサイトの担当者もある一定の知識がなければ適切な会話や理解ができず、マーケティング部門からデザインチームへの橋渡しの際に認識の齟齬が発生します。また、デザインチームからのマーケティングにおける質問がある際に、都度マーケティング部門へ確認する工数が発生するとスケジュールへの影響もあります。

　ダウンロード資料では一般的な流入元と出口先の選択肢を紹介しています。あくまでも選択肢の紹介であり、これらすべてを実施するのではなく、選択と集中のうえで各施策の効果を高めることが重要となります。ここではそれぞれ概要をお伝えします。

▶ **流入元**：主な流入元は自然検索、広告、SNSが挙げられます。自然検索流

入の向上にはSEOなどの中長期的な視点が必要であり、広告とSNSは瞬発力の高さが特徴的です。

▶ **出口先**：Webサイトを通じたコンバージョン施策は、製品の特徴や事業フェーズによって大きく異なります。そのため、Webサイトの目的や流入元に応じて、適切な出口先を設計することが重要です。

「コンバージョン経路」設計

Webサイトにおける「コンバージョン設計」とは、訪問者が最終的に望ましい行動（購入、申し込み、問い合わせなど）を起こすように、訪問から最終的な成果（コンバージョン）に至るまでの経路を戦略的に設計することです。この設計は以下の2つの要素で構成されます。

1）コンバージョンを達成するための設計
2）コンバージョンを逃した訪問者への再訪促進設計

もちろん、最も重要なのは「コンバージョンを達成するための設計」ですが、訪問者が一度コンバージョンしなかった場合でも、再度訪問し、最終的にコンバージョンに至る可能性を高める「再訪促進設計」の重要性も見逃せません。また、これらの設計はWebサイトの運用で分析と改善を繰り返すことで精度を向上させます。

コンバージョンを達成するための設計

1）**経路設計**：訪問者がどのような流れで最終的なコンバージョンに到達するかを設計します。たとえば以下のようなステップが考えられます。

トップページ → ファーストビュー → サービス概要 → サービス詳細 → 面談予約

さらに、複数のコンバージョンポイント（オンライン面談、オフラインイベント、メルマガ登録、無料体験など）を設けることで、訪問者を適切なアクションへと

導きます。

　また、ファーストビューやページ内の目立つ位置に、訪問者に対して明確で魅力的な行動喚起（CTA）を配置します。簡潔で強力なメッセージを使用し、視覚的に目を引くデザインを選択します。例としては、「今すぐ試す」「無料相談を予約」「お役立ち資料を見る」などが考えられます。以下はカロアのサイトの例です

明確な行動喚起（CTA）の配置例（カロアのサービスサイトのファーストビュー）：「まずは相談する」と「お問い合わせ（右上）」によって行動喚起

2）**シンプルで直感的なフォーム設計**：入力項目は必要最小限に留め、ユーザーが煩わしさを感じずにアクションを完了できるよう配慮します。たとえば、名前とメールアドレスだけで完了する「資料請求フォーム」などが挙げられます。以下はカロアのサイトの例です。

シンプルで直感的なフォーム設計例（カロアのサービスサイト内の資料ダウンロードフォーム）

コンバージョンを逃した訪問者への再訪促進設計

　訪問者がコンバージョンを完了しなかった場合でも、再度サイトに戻ってきてもらえる仕掛けを作ることが、長期的にコンバージョン数を増加させるために不可欠です。

- ▶ **離脱後でも再訪問を促すコンテンツ**：訪問者に再訪問を促すために、エンゲージメントを高めるコンテンツを定期的に提供します。具体的には以下のようなものがあります。

  - 訪問者の関心を引き続き引くブログ記事や動画コンテンツ
  - ユーザーに価値のあるノウハウや業界事例、ケーススタディを発信することで、定期的にサイトを訪れる動機を提供

▶ **購入後のフォローアップコンテンツ**：既存の購入者をターゲットに、リピート購入を促す施策を講じます。ロイヤリティプログラムや特典など、顧客との関係を深める仕組みを提供します。例としては、購入ごとにポイントを付与し割引する仕組みや、購入後のメンテナンス記事中にリピート購入を促す施策など。できる限りユーザーへのストレスがないよう設計します。

継続的な改善プロセスの最適化

Webサイトやデジタルマーケティング活動の成果を最大化するためには、継続的な改善が欠かせません。このプロセスは、単にデータを収集することにとどまらず、収集したデータをもとに適切な改善策を講じ、それを実行・検証することを繰り返すサイクルです。以下のステップでこのプロセスを最適化します。

1. **データ収集と分析**：まずは訪問者の行動を適切に把握するためのデータを収集します。このデータを分析することで、どの部分が成果に結びついていないのか、どこで離脱が発生しているのかなどの問題を特定できます。

   ▶ **アクセス解析ツールの利用**：Google Analytics、GA 4、Hotjar、Crazy Eggなどのツールを使って、訪問者の行動、ページ遷移、滞在時間、離脱率などのデータを収集します。
   ▶ **主要指標の設定**：訪問者数、コンバージョン率、ページの滞在時間、クリック数、フォーム送信率など、最も重要なKPI（Key Performance Indicator）を設定し、定期的に確認します。

2. **ボトルネックの特定**：収集したデータをもとに、改善が必要なボトルネック（問題点）を特定します。どの段階で訪問者が離脱しているのか、どのコンテンツやページが効果的でないのかを明確にすることが重要です。

   ▶ **高い離脱率のページを特定**：特定のページで離脱率が異常に高い場合、そのページのコンテンツやデザインが原因である可能性があります。特にランディングページや購入ページなど、訪問者が重要なアクションを

起こすページを見直します。

- ▶ **コンバージョン率の低いページを特定**：ページ遷移がスムーズでも、最終的なコンバージョン率が低い場合、そのページのCTAやフォーム設計、コピーライティングが不適切であることが考えられます。

3. **改善策の実行**：ボトルネックが特定されたら、次はその改善策を実行します。改善策は、データに基づいた仮説を立て、それを検証するために具体的なアクションを起こすことが求められます。

- ▶ **A／Bテストの実施**：A／Bテストを利用して、異なるバージョンのページやコンテンツを比較し、どちらがより高いコンバージョン率を生むのかを検証します。たとえば、ボタンの色、テキスト、レイアウトの変更などを試すことができます。
- ▶ **コンテンツの改善**：コンテンツが問題の場合、訪問者にとって価値のある情報を提供するように改善します。たとえば、商品ページに詳細な説明やFAQ（よくある質問）を追加する、サービス内容を具体的に記載するなどです。

4. **改善結果の測定と評価**：改善策を実行した後、その効果を測定して評価します。これにより、どの改善策が最も効果的だったのかを判断し、今後の改善策に活かすことができます。

- ▶ **コンバージョン率の測定**：改善前後でコンバージョン率を比較し、どれだけ効果があったのかを確認します。
- ▶ **ユーザーエンゲージメントの測定**：訪問者のエンゲージメント（滞在時間、ページビュー、クリック数など）を確認し、改善がどれだけ訪問者の関心を引きつけたかを評価します。

5. **継続的な改善サイクル**：改善の最終目的は、Webサイトのパフォーマンスを長期的に向上させることです。これを実現するためには、改善サイクルを継続的に回し続けることが重要です。

▶ **定期的なデータ分析と振り返り**：定期的にデータを収集・分析し、改善の余地がないかを常にチェックします。特に季節ごとのトレンドや新しいユーザーの行動パターンを反映するために、最新のデータを活用します。

▶ **ユーザーの声を反映**：定期的にユーザーからのフィードバックを収集し、それを改善のヒントにします。ユーザーのニーズや問題点を理解することで、よりユーザー目線での改善が可能になります。

一貫性のあるメッセージを訴求しよう

　Webサイトや流入元での訴求内容に一貫性を持たせることは、コンバージョン率向上に不可欠です。効果的なメッセージを作るためには以下の3つの観点が重要です。これらをバランスよく取り入れることで、より効果的なメッセージが作成できます。

1）USP：ターゲットの問題に対する解決策を明確に伝える

　USP（Unique Selling Proposition）とは、自社の商品やサービスが他の競合と比べてどこが優れているのか、つまり「自社の独自の価値」を示す要素です。

　まず、ターゲットユーザーが抱える問題（ペインポイント）を理解することが重要です。たとえば、あなたの製品が忙しい人向けの時短アイテムであれば、そのターゲットは「時間がない」という悩みを抱えているはずです。

　次に、その問題をどのように解決できるかを競合と比較し明確に示すことが求められます。たとえば、時短アイテムならアイテム単体としての訴求ではなく、「10分でできる時短レシピ」など具体的に「どんな価値を提供するのか」を独自性をもって伝えます。

　USPが明確であればあるほど、訪問者はそのメッセージに共感しやすくなり、購買意欲を高めることができます。

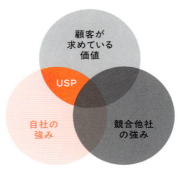

USP

2）トーン・オブ・ボイス：ターゲットに響く言葉で訴求する

　次に重要なのが、トーン・オブ・ボイスです。ターゲット層にとってなじみのある言葉を使うことで、より深い共感を得ることができます。

　たとえば、若年層をターゲットにする場合は、カジュアルで親しみやすい言葉を使用します。一方、ビジネスマンをターゲットにした場合は、信頼感を与えるようなフォーマルで堅実な言葉遣いを採用します。

　トーン・オブ・ボイスの設計は、ビジュアルやインタラクションなどWebサイト全体の印象を決める重要な要素です。そのため、6-6で解説する「ブランド設計」で使用することもあります（トーン・オブ・ボイスはブランド設計でも重要な役割を果たすので、3W3H（p.167）の解説では「How Identity（ブランド設計）」に分類しています）。サイト全体の文言や表現方法を統一し、訪問者に統一感を与えることで、ユーザー体験が向上します。

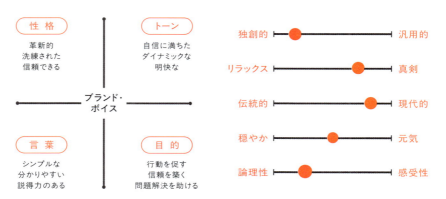

トーン・オブ・ボイス

3）具体的かつ直感的な数値：実績や証拠で信頼を得る

Webサイトで信頼を醸成するためには、具体的な数字やデータを活用することが非常に重要です。数字や実績は抽象的な言葉よりもはるかに説得力を持ち、訪問者に「この商品・サービスは信頼できる」と感じさせる力があります。

▶ **実績の数字**：顧客満足度や業界シェアなどの実績データを示すことで、信頼性を高めることができます。たとえば「顧客満足度90％」や「○○業界でシェアNo.1」といった具体的な数字は、訪問者にとって強力な証拠となります。

▶ **成果を示すデータ**：過去に成功した事例や、製品・サービスを導入したことによって得られた成果を数値化して示すことも有効です。たとえば「3ヶ月で売上が20％増加」や「利用者の80％がリピーター」といった具体的な成果を示すことで、訪問者は「自分もこの製品を使って成功したい」と感じやすくなります。

▶ **レビューや評価の数値化**：ユーザーの声や評価も信頼を得るための重要な要素です。具体的な評価スコア（たとえば「4.5/5」など）を表示したり、実際に購入した人のレビューを数値化して紹介することで、製品やサービスの信頼性を客観的に伝えることができます。

数字や実績を通じて、訪問者に「実際に信頼されている」という安心感を与えることができれば、コンバージョンにつながる可能性が高まります。

[設計フェーズ]

6 - 4 コンテンツ設計：「届ける情報」を見える化する

Webサイトで何を届けるか、を設計する「コンテンツ設計」について解説します。届ける情報をやみくもに考えるのではなく、モレなくダブりなく整理するために「コンテンツマップ」を活用し、発信するコンテンツをロジカルに取捨選択します。

ステップ・ゴール
Webサイトで届ける情報を決定する。

コラボレーション内容
発注者側がコンテンツマップを作成し、デザインチームが客観的な視点でコンテンツの取捨選択や優先度の提案をする。

デザインチームの役割
コンテンツの取捨選択では、ページ数などの要件を踏まえ、プロジェクト全体を俯瞰した提案をする。

発注側の役割
コンテンツマップの作成には、社内関係者からの意見が重要であるため、複数部署と連携して進める。

依頼者 ├──┼──┼──┼──┼──┼──┼──┤ デザインチーム

MECEなツール「コンテンツマップ」

コンテンツ設計で重要になるのは「MECE（モレなく、ダブりなく）」の考え方です。適切な場所に適切な量の情報が配置されてないと、Webサイトに訪れたユーザーの理解が進まず、伝えたいメッセージがぼやけてしまいます。MECEの原則に従うことで次のようなメリットがあります。

▶ **わかりやすさの向上**：情報が論理的に整理されているため、受け手が直感的に内容を理解しやすくなります。

▶ **効率的な構造化**：コンテンツ制作の初期段階で、情報を漏れなく、重複なく整理できるため、後の「サイトマップ」「ワイヤーフレーム」の設計が効率的に進みます。

▶ **説得力の強化**：論理的に整理された情報は、受け手に対して信頼感や説得力を与える効果があります。

一方で、MECEを活用する際にはいくつかの注意点があります。まず、分類軸の選定を誤ると、情報が重複したり、重要な要素が抜け落ちます。次に、網羅性を追求するあまり情報を過剰に細分化しすぎると、全体のメッセージが散漫になることも考えられます。必要な情報を適切に網羅しながらも、重要なポイントに絞って整理するバランス感覚が求められます。

このような注意点を回避するために、Webサイトのユーザーの関心度に準じて情報を体系的に整理できる「コンテンツマップ」というツールを使用します。ダウンロード資料のテンプレートを使って実際に記入してみてください。

コンテンツマップの概要

コンテンツマップとは、Webサイトやマーケティング施策におけるコンテンツを体系的に整理し、訪問者や顧客の購買行動や意思決定プロセスに合わせて適切に配置するためのツールです。

たとえば、訪問者がまだ商品やサービスについて認知していない段階では、簡単な説明や概要の訴求が重要です。一方で、購入を具体的に検討している段階では、契約の流れや実際の成功事例といった具体的な情報が求められます。

コンテンツマップは、こうした訪問者の心理的状態や行動の進展を視覚化し、それに応じたコンテンツを計画的に配置することで、Webサイト全体の効果を最大化します。

	認 知	興味・関心	比較・検討	購 入	利 用	推奨・発信	継 続
基礎知識							
ハウツー							
問題解決							
事 例							
製品紹介							
利用者の声							

コンテンツマップのフレーム

　また、コンテンツマップはコラボレーションの観点でも有用なツールです。たとえば、自社のマーケティングチームとパートナーのデザインチームが共通の認識を持つために使用できたり、複数のステークホルダーと共通認識を持てます。

コンテンツマップの構成要素

　コンテンツマップは、一般的に以下の2つの要素を基に構成されます。

- ▶ **訪問者の行動ステージ（縦軸）**：訪問者の行動や心理状態を、「認知、興味・関心、比較・検討、購入、利用、推奨・発信」といったフェーズに分け、それぞれに必要な情報を整理します。
- ▶ **コンテンツの種類（横軸）**：ユーザーが抱える疑問点を出発点として、提供する情報をその形式や目的に応じて分類します。必要に応じて柔軟に調整し、新たなカテゴリを加えることも可能です。

コンテンツマップの作り方

1. コンテンツマップの全体を埋める

　最初のステップは、コンテンツマップの縦軸と横軸について、発注側のステークホルダー全体でMECEな状態かどうかの確認をします。このときに、必要であれば縦軸のカテゴリ追加などの調整を実施します。

　コンテンツマップを埋める際には、マーケティング担当、セールス担当、カスタマーサポート担当など、さまざまな立場のメンバーが参加することが重要です。各部門の視点を反映することで、ユーザーのニーズに幅広く応えるコンテンツを設計できるからです。

　たとえば、マーケティング担当が「リード獲得のために資料請求を促したい」と考えている一方で、カスタマーサポート担当は「既存顧客向けのFAQが不足している」と感じている場合があります。これらを同一のコンテンツマップ上で整理することで、短期的なゴール（リード獲得）と中長期的なゴール（顧客満足度向上）を両立するコンテンツ計画を立てることができます。

	認知	興味・関心	比較・検討	購入	利用	推奨・発信	継続
基礎知識	タスク管理ツールの基本的な仕組みや、導入による効果を解説する記事（例：業務効率化、プロジェクト管理の可視化）	タスク管理ツールがもたらす業務効率化の詳細な解説や、プロジェクトの成功事例の共有	他のタスク管理ツールと比較した際のメリットや、選定の際に押さえておくべきポイントを解説する記事	タスク管理ツールの導入に必要な手順や初期設定の解説を、簡潔にまとめたガイド	初心者向けにFAQや、基本的な使い方を解説したチュートリアル	チームや組織全体でタスク管理ツールの導入効果を共有し、利用の定着を促進するための社内コミュニケーションの方法を紹介	継続的にツールを活用するための基本的な情報や、運用上のポイントを解説
ハウツー	「タスク管理ツールの選び方」ガイドや、基本的な機能をわかりやすく紹介する記事	「5分でわかるタスク管理ツールの活用術」など、具体的な場面での使い方を解説したガイド	「タスク管理ツール導入前に確認すべきベスト10ポイント」などのチェックリスト形式の記事	契約時に押さえるべきポイントを詳しく解説したガイド	よく使う機能を効率的に活用するための具体的な操作ガイド	チームメンバーやリーダーが互いにおすすめの機能や活用法を共有するためのアイデア記事	活用状況を定期的にチェックし、問題が発生する際に解決策を見つけるための仕組みを提案
問題解決	業務効率化が求められる企業向けに、現在の問題点を整理し、課題解決の糸口を示す記事	導入中のプロジェクトで発生するトラブルを解決するためのアイデアや、ツールの具体的な適用方法の紹介	現在のプロセスとツール導入後の変化を具体的に比較し、効果を測定する方法を解説	契約に至るまでの課題をクリアするための具体的な対応策を提示し、導入のハードルを下げる記事	利用者が直面しやすい課題を取り上げ、効率的に解決するための操作ヒントやTipsを紹介	定期的にツールの利用状況を見直し、継続利用するメリットを再確認する方法を解説	継続利用の中で直面する課題に対応し、ツールを活用し続ける意義を明確にする記事
事例	同業他社がタスク管理ツールを導入して業務効率を向上させた成功事例の紹介	特定業界に特化した導入事例（例：IT企業、製造業、スタートアップ企業など）	他ツールからの乗り換え事例や、チームメンバーによるコスト削減効果を数値で示した事例	予算や要件を明確化して導入を決めた企業のストーリーや、チームメンバーがどのように導入ハードルを評価したかの詳細なレポート	ツールの活用によって生産性向上を実現した企業やチームの成功事例	他社で行われた社内での推奨活動の成功事例や、社員の意識変化に関するインタビュー事例	長期的にツールを利用し続けられる理由や、その改善点を企業が率直に語る事例
製品紹介	製品の概要を簡潔に説明したランディングページ（主要機能・価格・導入の流れなど）	タスク管理ツールが他のツールとどのように差別化されているかを解説する詳細ページ	無料トライアルやデモ体験を促すページ（使用開始までの流れを詳細に解説）	導入後の支援体制やサポート内容を詳しく記載したページ（例：オンボーディングセッションやサポート窓口の案内）	最新のアップデート情報や新機能の紹介を通じて、利用者の満足度向上をサポート	アンケート結果や調査データを活用して、ツールの利用継続率や満足度をアピール	利用促進キャンペーンやアップデート情報を定期的に配信し、継続利用の促進を後押しする
利用者の声	プロジェクトリーダーやチームメンバーのインタビュー形式で、ツールを導入した背景や期待する効果を語る記事	業務効率や生産性向上を実感した利用者の声を掲載し、リアルなメリットをアピール	他ツールから切り替えた理由や、切り替え後に感じた利便性やメリットについて利用者が語る事例を紹介	導入を決定した組織や、導入後の満足度に関する声を聞くことで得られた、具体的な成果を伝える記事	現場で実際にツールを使う従業員の声や、ツールを使いこなすことで得られた具体的な成果を伝える記事	組織全体での利用拡大に成功した企業のストーリーや、推奨活動が与えたポジティブな影響について利用者の声を中心に解説	長期間利用することで得られるメリットや、他社に負けない継続利用の理由について利用者の声を中心に解説

コンテンツマップの全体を埋める

2. Webサイトで公開する情報を設定する

　次に、作成したコンテンツマップの中から、「Webサイトで公開する情報」と「コンバージョン後の情報」を分けます。図の参考資料では、コンバージョ

ン後の情報のセルを緑（本書紙面では灰色）で色づけしています。

- ▶ **公開情報**：すべての訪問者がアクセス可能な情報（製品概要、事例紹介、ブログ記事など）
- ▶ **コンバージョン後の情報**：メールアドレス登録が必要な情報（詳細なホワイトペーパー、限定動画コンテンツなど）

カスタマージャーニーマップやペルソナとの整合性を合わせることがポイントです。

また、コンテンツを詰め込みすぎると、ユーザーが必要な情報を探しにくくなります。そのためWebサイトで効果的な情報だけを優先度付けしておきます。そして、優先度をもとに情報の取捨選択をします。図の参考資料では、優先度が高い情報をオレンジで、優先度が低い情報を薄い灰色で色づけしています。

	認知	興味・関心	比較・検討	購入	利用	推奨・発信	継続
基礎知識	タスク管理ツールの基本的な仕組みや、導入による効果を解説する記事（例：業務効率化、プロジェクト管理の可視化）	タスク管理ツールがもたらす業務効率化の詳細な解説や、プロジェクトの成功事例の共有	他のタスク管理ツールと比較した際のメリットや、選定の際に押さえておくべきポイントを解説する記事	タスク管理ツールの導入に必要な手順や初期設定の解説も、整理にまとめたガイド	初心者向けFAQや、基本的な使い方を解説したチュートリアル	チームや組織全体でタスク管理ツールの導入効果を共有し、利用の定着を促進するための社内コミュニケーションの方法を紹介	継続的にツールを活用するための基本的な情報や、運用上のポイントを解説
ハウツー	「タスク管理ツールの選び方」ガイドや、基本的な機能をわかりやすく紹介する記事	「5分でわかるタスク管理」の活用方法の解説や、具体的な操作方法の使い方を解説したガイド	「タスク管理ツールを選ぶ際に確認すべき10のポイント」などのチェックリスト形式の記事	契約時に押さえるべきポイントを詳しく解説したガイド	よく使う機能を効果的に活用するための具体的な操作ガイド	チームメンバーやリーダーが高いにおすすめの機能や活用法を共有するための操作ガイド	活用状況を定期的にチェックし、問題が発生する際に解決策を見つけるための仕組みを提案
問題解決	業務効率化が求められる企業向けに、現在の問題点を整理し、課題解決の糸口を示す記事	進行中のプロジェクトで発生するトラブルを解決するためのアイデアや、ツールの具体的な運用方法の紹介	現在のプロセスとツール導入後の変化を具体的に比較し、効果を測定する方法を解説	契約に至るまでの課題をクリアするための具体的な社内説得材料や、導入のハードルを下げる記事	利用者が直面しやすい課題を取り上げ、効率的に解決するための操作中のTips紹介	定期的にツールの利用状況を見直し、継続利用するメリットを再確認する方法を解説	継続利用の中で直面する課題に対応し、ツールを活用する意義を明確にする記事
事例	同業他社がタスク管理ツールを導入して業務効率を向上させた成功事例の紹介	業務効率化に特化した導入事例（例：IT企業、製造業、スタートアップ企業など）	他ツールからの乗り換え事例や、ツール導入によるコスト削減効果を数値で示した事例	予算や要件を明文化した導入を支えた企業のストーリーや、チームメンバーがどのようにツールを評価したかの詳細なレポート	ツールの活用によって生産性向上を実現した企業やチームの成功事例	他社で行われた社内での推奨活動の成果や、社員の意識変化に関するインタビュー記事	長期的にツールを利用して得られる効果や成長を企業が率直に語る事例
製品紹介	製品の概要を簡潔に説明したランディングページ（主要機能・価格・導入の流れなど）	タスク管理ツールが他のツールとどのように差別化されているかを解説する詳細ページ	無料トライアルやデモ体験を促すページ（使用開始までの流れを詳細に解説）	導入後の支援体制やサポート内容を詳しく記載したページ（例：オンボーディングセッションやサポート窓口の案内）	最新のアップデート情報や新機能の紹介を通じて、利用者の満足度向上をアピール	アンケート結果や調査データを活用して、ツールの利用継続率や満足度をアピール	利用促進キャンペーンやアップデート情報を定期的に配信し、継続利用を促進
利用者の声	プロジェクトリーダーやチームメンバーのインタビュー形式で、ツールを導入した背景や期待する効果を語る記事	業務効率や生産性向上を実感した利用者の声を掲載し、リアルなメリットをアピール	他ツールから切り替えた理由や、切り替え後に感じた利便性やメリットについて利用者が語る事例を紹介	導入を決定した経緯や、購入後の満足度に関するリアルな利用者のフィードバックを掲載	現場で実際にツールを使い導入を実感している従業員の声や、ツールを使いこなすことで得られた具体的な成果を伝える記事	現場の担当者がその利用状況に応じたユーザーのストーリーや、推奨活動が広まったポジティブな影響を紹介	長期間利用することで得られるメリットや、他社に負けない継続利用の推進について利用者の声を中心に紹介

優先度を色分けする

カスタマージャーニーマップとの違い

コンテンツマップとカスタマージャーニーマップは混同しやすいツールです。そこで、改めてカスタマージャーニーマップの機能を振り返り、コンテンツマップとの違いを整理します。

まずカスタマージャーニーマップは、Webサイトだけではなく、展示会や店舗、ポスティング、テレマーケティングなどの施策全体を検討する際に使用します。

　一方、コンテンツマップは、ユーザーがどのような情報を必要としているかに焦点を当てた設計ツールです。特にWebデザインプロジェクトでは、Webサイトおよび Web サイトへの流入または誘導先にどんなコンテンツが必要かの全体像を把握すること、具体的にWebサイトにどのようなコンテンツを掲載するかを決定するために使用します。

	カスタマー ジャーニーマップ	コンテンツマップ
目的	顧客体験全体の 理解と改善	適切なコンテンツの 設計・提供
焦点	顧客の感情、行動、 接点の流れ	情報（コンテンツ）の 整理と課題解決
用途	サービス改善、顧客接点 （タッチポイント）の見直し	Webサイトおよび関連媒体の コンテンツ設計

6

6-4
コンテンツ設計：「届ける情報」を見える化する

[設計フェーズ]

6-5 情報設計：「ユーザー体験」を見える化する

これまでの設計内容をもとに、Webサイトの設計図として具体化する「情報設計」について解説します。ページ数やコンテンツ内容、リンク先など、ページ間の関係性を整理し、意図したユーザー体験が実現できるかを確認しましょう。

ステップ・ゴール
UXの視点から「サイトマップ」と「ワイヤーフレーム」を決定する。

コラボレーション内容
デザインチームが作成した情報設計に対して、発注側はステークホルダーを含めた承認を行う。

デザインチームの役割
これまでの設計資料を集約し、「サイトマップ」と「ディレクトリマップ」、「ワイヤーフレーム」を制作する。

発注側の役割
制作フェーズへの移行に向けて、情報設計に関して社内ステークホルダーから合意形成を得る。

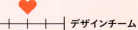

Webサイト全体像を視覚的に理解する「サイトマップ」

サイトマップは、ウェブサイトの各ページがどのようにつながっているかを図で示すものです。コンテンツマップで選定した情報をどのページに掲載するか、またその相互関係を、整理して視覚化します。さらに以下のような情報もサイトマップに反映させることが重要です。

▶ **コンバージョンが発生するページ**
　例：サンクスページや外部サイトへのリンクがあるページ
▶ **更新頻度が高いページ**
　例：CMS（コンテンツ管理システム）を利用して管理するページ

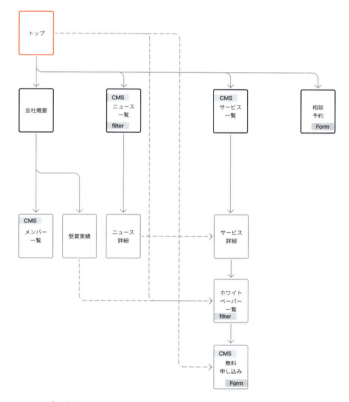

サイトマップの完成例

サイトマップの作りかた

1. **コンテンツマップの情報をページ単位で整理する**：コンテンツマップをもとにウェブサイトに必要なページを整理し、各ページに掲載する情報を適切に配置します。この過程では、ページ単位で情報の整理を進め、内容をどこに配置するかを明確にします。また、ユーザーの利便性を高めるために、1ページに情報を詰め込みすぎないよう配慮し、見やすく使いやすい構成を心がけることが重要です。

    ▶ **手順**：
    1. コンテンツマップの各項目（例：「製品紹介」「導入事例」「FAQ」など）を確認し、それぞれを独立したページにするか、1つのページ内でまとめるかを判断します。
    2. 各ページの役割や目的を明確にします（例：トップページは「ブランドイメージを伝える」、FAQは「問い合わせを減らす」など）。
    3. 重複している情報がないかを確認し、不要なページを削除します。

    コンテンツマップの情報をページ単位で整理する

2. **ページを階層ごとに整理する**：ウェブサイトの構造をわかりやすく設計するために、ページの上下関係やカテゴリを整理します。この際、階層構造はできるだけシンプルにし、深くなりすぎないよう注意します。また、階層を整理する際には、メインメニューやパンくずリストの設計も考慮すると、よりスムーズに進めることができます。

▶ 手順：
1. トップページを起点に主要なカテゴリやセクションを整理します（例：トップページ > サービス一覧 > サービス詳細ページ）。
2. 各カテゴリに属するページを決定します（例：「会社概要」ページの下層に「受賞実績ページ」を配置する）。
3. 階層の深さを調整します。一般的には、3クリック以内で情報に到達できる設計が理想的です。

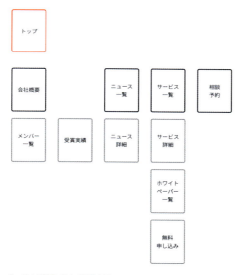

ページを階層ごとに整理する

3. **ページ全体の相互関係の概要を示す**：サイト内のページ同士のつながりを明確にし、ユーザーがスムーズにサイト内を移動できるようにします。リンク関係が整理されると、ユーザーは迷うことなく目的の情報にたどり着けます。

▶ 手順：
1. ページ間のリンク関係を整理します（例：ホワイトペーパー一覧ページから無料申し込みページ）。
2. 異なるカテゴリ間をつなぐリンクも設置します（例：「受賞実績」ページから「ホワイトペーパー」ページへのリンク）。

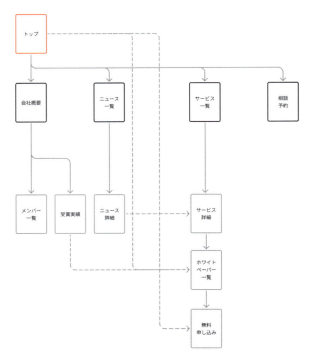
ページ全体の相互関係の概要を示す

4. **機能や管理において重要な項目を記載する**：CMSで管理するページや必要な機能をはっきりさせ、関係者と認識を共有します。CMSで運用するページは、更新頻度や担当者なども整理しておくと便利です。また、フォームやフィルタ機能といった動的なページについても、必要な機能を具体的に示します

▶ **手順：**
1. CMSで管理が必要なページを特定します（例：「ニュース一覧詳細ページ」など）。
2. 特定の機能が必要なページを明示します（例：「無料申し込みページ」にフォーム機能、「ホワイトペーパー一覧ページ」にフィルタ機能を設置）。

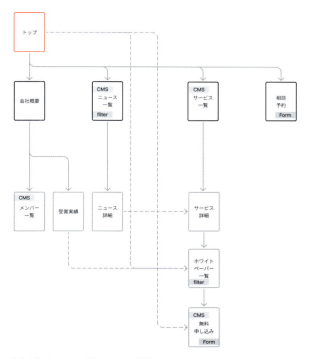

機能や管理において重要な項目を記載する

チェックポイント

▶ 直感的な理解

- □ サイトマップを見たとき、カテゴリやページの配置が分かりやすく整理されているか。
- □ トップページや主要なカテゴリが適切に配置され、ユーザーが目的の情報に迷わずたどり着けるか。
- □ 名前が曖昧なページ（例：「その他」）がないか。

▶ 階層の構造

- □ 階層が深すぎないか（3〜4段階以内が望ましい）。
- □ ページの重要度や関連性に応じた整理がされているか。

▶ ペルソナとの整合性

□ ペルソナが必要な情報にたどり着ける流れになっているか（例：「製品情報 → 詳細スペック → 購入ページ」のシンプルな動線）。

□ 欲しい情報に到達するまでのクリック数が少なく済む設計か。

▶ **サイトの運用性**

□ CMS（コンテンツ管理システム）などを活用する場合、管理がスムーズな構造か。

□ 将来的なページ追加や変更が容易にできる設計になっているか。

▶ **MECE な設計**

□ ページの重複がなく、不要な内容が含まれていないか。

□ 必要なページが不足していないか。特にビジネスの目的を果たすための重要なページが漏れていないか。

ディレクトリマップでサイト全体の構造を整理する

Webサイト制作プロジェクトでは、サイト構造を明確にし、チーム全体で情報を共有することが重要です。そのためのツールとして「ディレクトリマップ」が活用されます。

ディレクトリマップは各ページのURLパスや公開予定日、SEO情報などを一元的に管理する役割を果たします。デザインチームが作成したディレクトリマップを発注側が適切に確認しフィードバックを提供することで、プロジェクトの品質やスケジュールの精度が向上し、後々のトラブルを防ぎやすくなります。ダウンロード資料にテンプレートとサンプルがありますので確認してみてください。

ディレクトリマップとは

ディレクトリマップは、Webサイト設計の段階で作成される重要な資料です。以下の役割を持っています。

▶ **情報の整理**：サイトの階層やURL構造を視覚的に整理し、ページ同士の関

係を明確にします。

- ▶ **プロジェクト管理**：各ページの公開タイミングやデザイン進捗を記録し、プロジェクト全体を効率よく管理します。特に変更が発生した場合に変更履歴を残すことで、管理精度を高めることができます。
- ▶ **SEO／メタ情報の管理**：各ページのタイトルやディスクリプションなど、SEOに必要な情報を一元管理します。これにより、抜け漏れなくSEO対策を実施できます。

サイトマップとの違い

　ディレクトリマップはサイトマップと混同されがちですが、それぞれの特徴を正しく理解することで、プロジェクトに応じた適切な活用が可能になります。

- ▶ **サイトマップ**：ページ間の関係を視覚化し、わかりやすく示すものです。直感的なイメージを伝えるには適していますが、具体的なページ数や階層構造の管理には不十分なことがあります。
- ▶ **ディレクトリマップ**：各ページの詳細情報（URLパス、SEO情報、非公開ページ、公開スケジュールなど）を網羅し、変更が発生した際の履歴管理も可能です。これにより、プロジェクト管理や運用面での精度を大幅に向上させます。

ディレクトリマップの例：マーケティング会社のコーポレートサイト

ユーザー体験（UX）を設計する「ワイヤーフレーム」

　サイトマップとディレクトリマップでサイト全体におけるページ単位の設計が終了しました。続いて本ステップの主題となる「ワイヤーフレーム」でのユーザー体験（UX）の設計です。

　ここではワイヤーフレームの作り方と、ワイヤーフレームの品質を向上させるためのUXの視点を紹介します。

UXを理解する

　UXとは、ユーザーが製品やサービス、特にWebサイトやアプリケーションを利用する際のすべての体験を指します。これにはユーザーの感情や満足度、操作のしやすさも含まれます。優れたUXは、ユーザーが「使いやすい」と感じ、操作にストレスを感じることなく、目的を達成できる状態を作り出します。このような体験を提供することが、良いUXの本質です。

　ユーザーがその製品やサービスを通じて目的をスムーズに達成し、満足してリピートしてくれることがUXの最終目標です。良いUXは、ユーザーだけでなく、提供する企業にも大きなメリットをもたらします。

　また、UXはワイヤーフレームで表現される「ユーザーの動線」と、次章以降で解説する「ビジュアル」を含む一連の体験に対する概念です。しかし、今回のステップでは「ユーザーの動線」設計に焦点を当て、UXの視点を活用します。

UXの重要な要素

1）**使いやすさ（ユーザビリティ）**：ユーザーが直感的に操作でき、スムーズに目的を達成できること。例：検索バーが目立つ場所にあり、簡単に情報を探せる

2）**アクセシビリティ**：すべてのユーザーが問題なく利用できるデザイン。例：視覚障がいを持つユーザー向けにスクリーンリーダー対応の設計を行う

3）**感情的満足度**：利用したときにユーザーがポジティブな感情を持つ体験。例：デザインが美しく、ブランドイメージが伝わる

4）**信頼性**：情報が正確で信頼できると感じられること。例：製品ページに詳

細なスペックやレビューが記載されている

UXとWebサイトの関係

1) **ユーザーの第一印象を形成する**：初めて訪れたユーザーが「使いやすい」「役に立つ」と感じれば、次回以降の訪問率が高まります。
2) **コンバージョン率に直結する**：目標ページへの誘導がスムーズであれば、購入や問い合わせといったコンバージョンが増えます。
3) **ブランドイメージを強化する**：優れたUXを提供するWebサイトは、ブランドの信頼性と価値を高めます。

ワイヤーフレームを理解する

　ワイヤーフレームは、Webサイトのレイアウトをシンプルに表現した図です。デザインや機能を具体化する前段階で作成され、ページの構成要素やユーザーの動線、コンテンツ配置を明確にする役割を果たします。主に以下の特徴があります。

1) **構造の可視化**：ページ内の情報や要素を整理し、どこに何を配置するかを明確にします。
2) **ユーザー動線の確認**：ユーザーがどのようにページを移動し、目的を達成するかを設計します。
3) **チーム間の認識共有に役立つ**：デザイナー、開発者、クライアントなど、関係者全員がサイトの構造を共有できます。

　ワイヤーフレームはデザインそのものではありません。情報の配置やユーザーの動線に重点を置いた設計書であることに注意してください。

　また、ワイヤーフレームは、情報の構造とユーザーの動線に重点を置いています。そのため、以下のような特徴的な表現を用います。

▶ 色や装飾を極力排除し基本的にモノクロ
▶ テキストは仮置きでダミーテキストかブランクのテキストボックスを使用
▶ 情報の概要を示すための言葉のみを表記
▶ 画像は枠のみで表現

6

6-5
情報設計：「ユーザー体験」を見える化する

203

▶ ボタンやリンクの要素は簡単なアイコンやテキストで示す

ワイヤーフレーム（左）とデザイン（右）の違い

ワイヤーフレームの作り方

1. **ページ内に必要な情報をリストアップする**：コンテンツマップやディレクトリマップをもとに、ワイヤーフレームに必要な情報を整理します。

   ▶ ページに含まれる要素（見出し、ボタン、フォーム、画像など）
   ▶ 動的コンテンツ（ニュース一覧、商品検索など）の配置方法
   ▶ ユーザーの流れ（流入ページから離脱ポイントまでの想定）

2. **情報に沿って、タイトル／テキスト／画像などの素材を入れる**：デジタルツールで詳細なワイヤーフレームを作成します。また、デジタルで起こす前に、手描きで簡単なラフ案を作ることも多く、これは素早くアイデアを試すのに適しています。

   ▶ ページ全体の大まかなレイアウトをスケッチ
   ▶ ヘッダーやフッターの位置、コンテンツのセクション分けを試行

3. **動線を考慮する**：ユーザーの視点でページを確認し、以下を意識して修正します。

   ▶ ユーザーが迷わないナビゲーション設計

- ▶ 明確なCTAの設計
- ▶ ボタンやリンクの配置が直感的かどうか
- ▶ コンテンツの優先順位に応じた視線誘導（例：重要な情報は上部に配置）

ワイヤーフレームでは以下の項目がチェックポイントとなります。

- ☐ コンテンツマップやディレクトリマップで決定した要素が、すべて反映されているか。
- ☐ 重要なコンテンツ（見出し、CTAボタンなど）が目立つ位置に配置されているか。
- ☐ コンテンツの内容をイメージできるか。
- ☐ ユーザーの目的（購入、問い合わせ、情報収集など）を妨げる要素がないか。

UXの視点で確認してみよう

　ワイヤーフレームは、ディレクトリマップとコンテンツマップの情報を単に集約させるだけでは不十分です。それらの情報をどのように設計したらユーザーの体験が少しでも向上するのか、使いやすいWebサイトになるのかを突き詰めるためのツールがワイヤーフレームです。

　ワイヤーフレームを作ることが目的ではなく、ワイヤーフレームを使用してUXの高いWebサイトを設計することが目的です。以下のようなUXの視点で作成したワイヤーフレームを確認してみましょう。

- ▶ **ユーザー目線での情報整理**：ワイヤーフレームを作成する際、ユーザーが求めている情報を考慮し、レイアウトを設計します。これにより、ユーザーのニーズに合った情報配置が可能になり、より使いやすいWebサイトを作ることができます。たとえば、トップページには重要な情報（サービス概要やコンバージョンボタンなど）を配置し、詳細は下層ページに分けます。
- ▶ **ユーザー動線のシミュレーション**：ワイヤーフレームを使って、ユーザーがどのボタンをクリックし、どのページに遷移するのかを検討します。これにより、ユーザーが迷うことなくスムーズに目的を達成できる動線を設計することができます。
- ▶ **ユーザー体験の予測と改善点の洗い出し**：ワイヤーフレームをもとに、

6

6-5
情報設計：「ユーザー体験」を見える化する

ユーザーがウェブサイト内でどのように操作を進めるかを予測し、最適な
フローを設計します。これにより、ユーザーが直感的に目的を達成できる
ようにし、操作の無駄や混乱を減らすことができます。たとえばFigmaで
あれば、プロトタイプ機能により実際のWebサイトのような画面をブラウ
ザで確認できます。

[設計フェーズ]

6-6　ブランド設計："らしさ"を見える化する

競合と差別化された印象を与えるための「ブランド設計」について解説します。自社らしさを明確に設計し、独自性を言語化することで、デザインやビジュアルなどの制作フェーズにおける判断基準を定めます。

ステップ・ゴール
「自社らしさ」を言語化し、共通認識として定義する。

コラボレーション内容
デザインチームが主導するが、発注側も各自の視点で「自社らしさとは何か、何が自社らしさではないか」を共に探求する。

デザインチームの役割
プロジェクトに個別最適化したプロセスを提案し、「らしさ」を定義するコンセプトを制作する。

発注側の役割
抽象度の高い設計ステップのため、一定の時間とメンバーを確保し、社内で自社らしさに関するディスカッションを実施する。

依頼者 ├─┼─┼─┼─┼─♥─┼─┼─┼─┼─┤ デザインチーム

相対的な"らしさ"を見える化する「ポジショニングマップ」

　自社らしさを持たせ、正確にユーザーに伝えるデザインを作るためには、この"らしさ"を定義することが重要です。この過程で大きな役割を果たすのが「ポジショニングマップ」です。

　ポジショニングマップとは、自社と他社とを比較し、自社が他社とどのような位置関係にあるのかを視覚化した図のことです。たとえば、「価格」と「質の高さ」という2つの軸を設定し、競合商品と比較することで、市場における自社の相対的な優位性を可視化できます。

ポジショニングマップの作り方

　ポジショニングマップは、「他社との比較」を行い、自社の"らしさ"を相対的に明確化することを目的としています。作成の手順は以下の2つです。

1. **エレメントテーブルの作成**：ポジショニングマップ作成のための準備として、エレメントテーブルを作成します。これは、要素ごとの「他社との比較」と「ターゲット視点の評価」を整理した表です。以下のように構成されます。

   ▶ **横軸**：自社・競合他社・ターゲット視点の重要度／理由
   ▶ **縦軸**：比較する要素（エレメント）

　各要素について、顧客視点で「○ → △ → ×」の記号を使って評価します。このようにエレメントテーブルで「何を基準に比較するのか」を一覧化することで、後のポジショニングマップ作成がスムーズになります。

2. **ポジショニングマップの作成**：エレメントテーブルの情報をもとに、ポジショニングマップを作成します。まず、エレメントテーブルの比較要素から2つの要素を選びます。次に、選んだ要素をマップの軸に設定し、競合や自社をマッピングします。選んだ軸が「価格帯」と「機能の豊富さ」の場合、

比較要素	自社	A社	B社	C社	D社	重要度	ターゲット視点の評価 理由
価格帯	○	△	○	×	△	△	機能が同じであれば価格は低いほうがよい
機能の豊富さ	×	○	△	△	×	×	タスク管理以外の機能は他のツールで十分だ
操作性・使いやすさ	○	△	△	×	△	○	直感的に操作できるUIが好ましい
サポート体制	△	△	△	×	△	○	サポートが充実していると安心して利用できる
カスタマイズ性	△	△	○	×	×	×	カスタマイズには工数が発生するので、優先度は低い
セキュリティレベル	○	○	△	△	○	△	データ保護は必須であるが、一般的なもの以上は求めていない
メンバー間での連携	○	△	△	×	○	○	メンバー同士でお互いのタスク状況の確認をしたい
連携可能なツール数	△	○	△	×	○	○	他の業務ツールと連携することで利便性が高まる
導入のしやすさ	○	○	△	△	×	△	導入が簡単だとスムーズに利用開始できるが、ある程度の期間は承知している
パフォーマンス速度	○	△	○	×	×	○	動作が早いとストレスなく業務を進められる
契約プランの柔軟性	×	△	○	×	△	○	利用状況に応じて柔軟に契約を変更できると便利

SaaS型タスク管理ツール事業のエレメントテーブル

- ▶ **縦軸**：タスク管理の対象（チーム ⇔ 個人）
- ▶ **横軸**：機能性（多機能 ⇔ 直感的）

となります。このマップに各企業のサービスを配置することで、自社が市場の中でどの位置にいるのか、競合との差別化ポイントが明確になります。

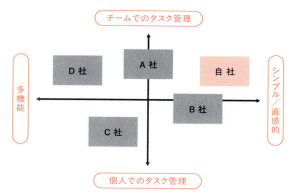

ポジショニングマップの例：SaaS型タスク管理ツール事業

作成時の注意

ポジショニングマップを効果的に作成するためには、以下のポイントに注意しましょう。

- ▶ **ポイント1）どの土俵でのポジショニングか**：ポジショニングを考える際に、どの「土俵」で競争するのかを明確にする必要があります。たとえば「出張買取サービス」を例に考えてみましょう。サービス内容を土俵にするのか、

提供価値を土俵にするのかで、比較対象となる競合（エレメントテーブルの横軸）が変化します。

- **サービス内容の競合**：同じ地域を対象とした出張買取サービス
- **提供価値の競合**：「不要品をお金に変える手段」なら、競合はフリマアプリやリユースショップ

このように、自社がどの土俵で優位性を獲得したいのかを考えることで、正しい競合比較ができます。

▶ **ポイント2）どの軸でポジショニングを取るか**：ポジショニングマップは、エレメントテーブルの比較要素を組み合わせて作成します。たとえば比較要素が3つある場合は3種類（A×B、A×C、B×C）のポジショニングマップを作れます。したがって、選ぶ軸はターゲットが重視する要素や競合より強みを出せる要素を選びましょう。

たとえばApple製品の価値は「価格帯」だけではなく、革新的・創造的な体験にあります。そのため、定量的な軸（例：価格・機能）ではなく、定性的な軸（例：デザイン性・プロダクトへの思想）からポジショニングを設計します。

ポジショニングマップの活用

ポジショニングマップをWebサイト設計にどのように活用すればよいでしょうか。

新規でWebサイトを制作する際は、以下のリニューアルサイトの場合にあるようなギャップを特定することはできません。そのため、「ポジショニングマップの作り方」で整理した自社のポジショニングがそのままデザインの方向性を示す資料となります。

一方、リニューアルサイトの場合は、まず現状を把握し、改善すべき課題を明確にします。そのため、伝えたい“らしさ”と伝わっている“らしさ”という2つのポジショニングマップを作成し、比較することが重要です。以下に手順を説明します。

1. **伝えたい"らしさ"のポジショニングマップを確認**：まずは「ポジショニングマップの作り方」で整理した自社のポジショニングを確認します。これはリニューアルサイトの場合は「伝えたい"らしさ"のポジショニングマップ」と呼びます。

2. **伝わっている"らしさ"のポジショニングマップを作成**：実際にユーザーにどう「伝わっているのか」を把握するポジショニングマップです。客観的な印象としてのポジショニングなので、デザインチームからの意見を優先的に捉えましょう

3. **ギャップの可視化**：「伝えたい"らしさ"」と「伝わっている"らしさ"」のギャップを比較し、課題を明確にします。このギャップこそがリニューアルのデザイン課題であり、埋めることで「本来伝えたい価値」を実現できます。

"らしさ"の一貫性を見える化する「コンセプト」

　Webデザインプロジェクトにおいて、パートナーシップの土台となるのが明確な「コンセプト」です。これは、設計の次の制作フェーズにおける羅針盤であり、デザインチームとの共通言語として機能します。

そもそも、コンセプトって？

「コンセプト」という言葉は、「デザイン」という言葉同様にさまざまなシーンで使用されていますが、Webデザインプロジェクトにおいては"らしさ"の一貫性を言語化することを目的として使用します。

　ただし、コンセプトを固めすぎると、制作フェーズでの柔軟な調整ができなくなったり、イメージの刷新に制約を掛けすぎることがあります。

　そのため、「コンセプト・メッセージ」と「コンセプト・キーワード」の2要素にフォーカスして、"らしさ"を定義します。たとえばSaaS型タスク管理ツールのコンセプトは以下のように定義できます。

▶ **コンセプト・メッセージ**：Webサイトの対象物（コーポレート、採用、サービスなど）に込めた「自分たちがどうなりたいか」という強い想いや、目指す未来を端的に表現したものです。このコンセプト・メッセージだけでは共通言語として曖昧になる場合は、事業や組織の背景や物語を「ストーリー」として加え、より解像度の高いメッセージ性を付与します。

▶ **コンセプト・キーワード**：コンセプト・メッセージを構成する要素です。「印象」を言語化したものがキーワードとなります。デザインを形にする際に、このキーワードが重要な指針となります。また、言葉のコンセプト・メッセージとコンセプト・キーワードはその特性上、コンセプト・メッセージが主体的な言葉（自分たちがどうありたいか）、コンセプト・キーワードは客観的な言葉（相手にどう伝わるか）になる傾向があります。

コンセプト・メッセージ
「仕事の透明性を可視化し、創造性に集中できる未来を実現する。」

ストーリー
私たちがこのタスク管理ツールを生み出したのは、「もっとクリエイティブな時間を確保したい」という想いからでした。無駄な業務やコミュニケーションの行き違いが、優れたアイデアの芽を摘む現実を目の当たりにし、これを根本から解決したいと考えたのです。
スタートアップやフリーランサーは、スピードと柔軟性が求められる一方で、チームワークやタスク管理の煩雑さに悩むことが少なくありません。私たちのツールは、直感的なUI/UXで誰でも簡単に使える設計に加え、チーム全員がタスクの進捗を共有し、仕事の透明性を保つことを可能にします。さらに、チャットやファイル共有などのコミュニケーション機能を統合することで、ツール間を行き来するストレスも解消しました。
このツールを活用することで、単なる「管理」ではなく、「成果」に集中する環境が生まれます。例えば、煩雑なタスクを整理するだけでなく、プロジェクト全体を俯瞰し、全員が目指すゴールを明確にする。その結果、創造性が最大限に発揮され、新しい価値を生み出す原動力となるのです。
「無駄を省き、創造性にフォーカスする。」このシンプルな理念のもと、私たちは働き方を進化させるツールを提供し続けます。そして、あなたとチームが本当に大切なことに集中できる未来を一緒に築いていきたいと考えています。

コンセプト・キーワード
1. Transparent：チームの進捗やタスクを明確に見える化し、信頼感を育む透明性。
2. Focused：無駄を省き、創造性に集中する。
3. Collaborative：シームレスなコミュニケーションでチーム全体を繋ぐ。
4. Empowering：個々のポテンシャルを最大限に引き出す。
5. Scalable：成長するチームや個人に寄り添い、未来を拡張する。

コンセプト・メッセージとコンセプト・キーワードの例

コンセプトを作る

　コンセプト制作は、Webデザインプロジェクトにおける最も抽象的なクリエイティブを生み出す工程です。このため、通常はデザインチームのタスクとして扱われます。ただし、プロジェクトのスケジュールやスコープに応じて、コンセプトの作り方を調整する必要があります。つまり、コンセプト策定にはプロジェクトごとにカスタマイズされたプロセスが必要です。ここでは、大きく2つのパターンに分けてコンセプト作成プロセスを紹介します。

1) **簡易的なコンセプト策定**：ミッションやビジョンが明確に定まっている場合で、かつスケジュールを優先したプロセスです。デザインチームが情報を整理し、短期間で効率的にコンセプトを作ります。

- ▶ **想定期間**：約2週間
  - **1週目**：情報共有、質疑応答のミーティング
  - **2週目**：デザインチームによる提案、合意形成のミーティング

2) **デザインチームとのコラボレーションによるコンセプト策定**：ミッションやビジョンが明確に定まっている場合、デザインチームと依頼側が合同でブレインストーミングを行い、それらから連想される言葉やアイデアを幅広く出し合います。このプロセスでは完璧な答えを求めるのではなく、可能性を広げることに重点を置きます。その成果をもとに、デザインチームが「コンセプト・メッセージ」と「コンセプト・キーワード」を提案し、最終的に合意形成を進めます。

- ▶ **想定期間**：約4週間
  - **1週目**：情報共有、質疑応答のミーティング
  - **2週目**：ブレスト会の計画・実施
  - **3週目**：デザインチームによる提案、フィードバックのミーティング
  - **4週目**：デザインチームによる最終調整提案、合意形成のミーティング

　上記の1）と2）であれば、基本的には2）を推奨しています。なぜデザインチームと「共に」コンセプトを作ることが重要なのか、以下に整理します。

- **視点の融合によりクリエイティブな結果が生まれる**：発注側は自分たちの事業やサービスについて最も深く知る存在です。一方で、デザインチームはプロとして、ユーザー視点やデザインの専門知識を持っています。この両者の視点を融合することで、ユーザーにとって本来的な価値は何で、その価値を伝えるための「コンセプト」についてディスカッションができます。
- **プロセスそのものが信頼関係を強化する**：コンセプト策定は単なる資料作成ではありません。互いに意見を交わし、考えを深めるプロセスを通じて、デザインチームとの信頼関係が築かれます。この信頼が、後の制作フェーズでの円滑なコミュニケーションにつながります。そのため、可能であればオフラインでの開催を推奨します。
- **プロジェクトのブレを防ぐ**：共に作るプロセスを経ることで、制作途中での方向性のブレを防ぐことができます。コンセプトメッセージの背景にあるディスカッションや依頼側やデザインチームの想いを共通認識として持っていることは、無駄な修正や手戻りを減らし、スムーズにプロジェクトを進めることができます。

Webサイトを制作する

7-1 共通の印象を見える化する

7-2 メインビジュアルで具体的な伝わり方を定める

7-3 ワイヤーフレームにコンテンツを当てはめる

7-4 デザインプロセスの進捗と
フィードバック量の関係性

7-5 ユーザー視点とSEO視点から実装を確認する

7-6 公開までの段取りは
日単位のスケジュールで進める

[制作フェーズ]

7-1 共通の印象を見える化する

Webサイトの顔となるメインビジュアルの方向性について共通認識を形成します。写真や画像を用いた「イメージボード」を使用し、認識のズレを解消するための手順を解説します。

ステップ・ゴール
メインビジュアルの方向性を決定する。

コラボレーション内容
実現したいWebサイトイメージをお互いが持ち寄り、ディスカッションのもと、共通認識を形成する。

デザインチームの役割
言語化が困難な印象やイメージについて、ビジュアルを用いて共通認識をつくる。

発注側の役割
ビジュアルの方向性について正誤を明確に示し、デザインチームに対して参考サイトなどの情報提供を積極的に行う。

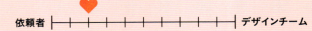

依頼者 |―――♥―――――|――――| デザインチーム

言葉とビジュアルの抽象度の違い

　たとえば、「我が社のイメージカラーは青です」という言葉だけを聞くと、受け取る人によってさまざまな解釈が生まれます。深海のような深遠な青、青空のように澄み渡る青、あるいはラムネのような透明感のある青。同じ「青」という言葉でも、その具体的なイメージは人それぞれ異なります。また、言葉はビジュアルだけでなく五感と関連する場合にも、具体的な認識にズレが生じることがあります。たとえば、「美味しい」「香ばしい」「柔らかい」といった言葉だけでは、実際の感覚が正確に共有されるとは限りません。

　他にも、「好き」という言葉も文脈によって意味が変わります。友達として好きなのか、恋人として好きなのか、あるいは上司として尊敬の意味を込めて好きなのか、具体的なニュアンスはその言葉だけでは十分に伝わりません。

「やさしい」って何色？

　言葉とビジュアルの抽象度の違いが、デザインの現場でどのような問題を引き起こすのでしょうか。それは、言葉として方向性の合意がとれていても、具体的なビジュアルの方向性が一致しないという事態です。たとえば、「人と地域と環境にやさしいデザイン会社」というコンセプトの組織があるとします。この表現には、「人」「地域」「環境」「やさしい」といった単語が含まれています。いずれの言葉も受け手によって具体的なイメージが異なりますが、特に「やさしい」という言葉からは多様な認識が生まれます。

　まず、「やさしさ」は物理的に存在するものではなく、ある人が「やさしい」と感じることによって「やさしさ」が存在します。そのため、「やさしい」をビジュアルで表現しようとする際には、まず「やさしいとはどんな色なのか？」などの問いに対して、メンバー間で共通の理解を作る必要があります。

　皆さんにとって「やさしい」とは、何色をイメージしますか？　オレンジ（温かい優しさ）や黄色（明るい優しさ）、深緑（包容力のある優しさ）が連想されるかもしれません。このように、言葉が持つ意味の多様性は、ビジュアルの方向性の多様性となります。発注者が言葉で意図を伝えたとしても、その「言葉が表す具体的なイメージ」がデザインチームと完全に一致する理解を得ることは、現実的には稀なケースです。

7

7-1　共通の印象を見える化する

「やさしさ」を見える化するために

　特定の言葉に対して、メンバー全員の共通認識をつくるためのツール「ムードボード」を紹介します

　ここでは例として、やさしさと関連するランダムに集めた画像をムードボード上に配置します。そして、この画像群から「やさしさの要素」をメンバー間で共有し、共通の要素を抽出していきます。以下のムードボードを使用して、実際に皆さんの「やさしさの要素」を考えてみてください。

ムードボードの例：「やさしさ」が連想される画像群

1）最も印象的な「やさしさ」の要素を言葉にしてみる

　ムードボードからあなたが思う「やさしさ」に最も近い画像を1枚だけ選び、その画像のどの部分から「やさしさ」を感じたか深掘りしましょう。

　その画像のどの部分から「やさしさ」を感じたか深掘りしましょう。
　例：左上の写真が最も「やさしい」と感じる。花束を持っている左上の写真であれば、静かだけど相手を想っている。おそらくきっと、この花は相手が好きな品種なんだろう。それくらい相手を理解している関係性を築いている。それに表情が見えないところも、「やさしさ」の意味する要素かもしれない。笑顔でも共感していても、相手への理解があれば「やさしさ」だ。

やさしい状態の時の表情は、やさしさとは無関係だ。

2)部分的な「やさしさ」の要素を言葉にしてみる

ムードボードからあなたが「やさしさ」と感じる画像を選びます。複数で
あっても構いません。

例：右上の写真はよくよく見ると、やさしいと感じるかもしれない。子ど
も同士が肩を組みながら一緒に歩く姿は、やさしさなのかもしれない。お
互いがきっと無邪気ながらも勇気を添えることができている状態だ。

3)「やさしさ」ではない要素を言葉にしてみよう

ムードボードからあなたが「やさしさではない」と感じる画像を選びます。
複数であっても構いません。なぜその画像から「やさしさ」を感じられな
かったのか深掘りしましょう。

なぜその画像から「やさしさ」を感じられなかったのか深掘りしましょう。
例：写真の中にある「kindness」と言う言葉は「自分はやさしい！」と伝え
ているような印象がある。これは私にとってのやさしさとは離れている。
もっと穏やかに、しかし勇気ある姿を優しさと捉えている。

このように、ムードボードを使用した言葉のイメージの具体化のプロセスは、
デザインチームとの深いコミュニケーションとなります。そして、あらかじめ
「パートナーシップ」が築かれている状態であればあるほど、共通の理解を作
るためのコミュニケーションコストを大幅に減らすことができます。

イメージボードは言葉とビジュアルの橋渡し役

会社の目指すべき方向性がコンセプトとして言葉で定まっている状態から、
ムードボードを活用してキーワードの共通理解が得られました。

次に、このムードボードをもとに、コンセプトとビジュアル表現を結びつけ
るためのツールとして「イメージボード」を使用します。イメージボードでは、

制作対象となるクリエイティブに関連する参考画像を集め、それらを通して「どのような印象を与えるべきか」を具体的に考えていきます。

1. **参考となりそうなWebサイトのキービジュアルを収集**：デザインチームが主体でサイト収集をしますが、発注者も完成イメージに近い参考サイトがあればここで共有します。

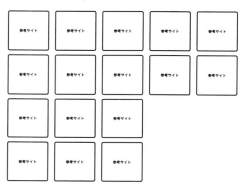

参考サイトを収集する

2. **与える印象の違いで整理する**：収集した参考画像を印象の違いをもとに、左右への横軸を設定して整理してみます。注意点として、あらかじめ軸の言葉を決めてから参考画像を集めることは避けましょう。収集する対象が狭まり、アイデアの発散ができずに、イメージボードの精度が下がってしまいます。

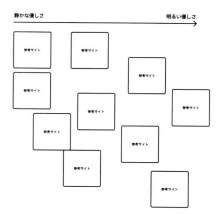

印象の違いで整理する

3. **近しい参考画像を選択**：ムードボードの例と同じように、メンバー一人ひとりが最も近いと感じる画像などを共有します。全員の共有の後に、プロジェクトとしてどのあたりの印象を狙ったビジュアルを作るのかを決定します。

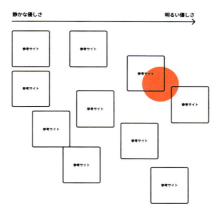

狙いを定める

より詳細な共通イメージを作る「ポジショニング・イメージボード」

イメージボードだけでも、通常のデザインプロジェクトでは十分な共通イメージを選定でき、次のメインビジュアル検討へと進行できます。一方で、リブランディングなど微細な印象の変化が求められる場合は、ムードボードだけでは合意形成が困難な場合もあります。

そこで、設計フェーズで作成したポジショニング資料にイメージボードを当てはめる「ポジショニング・イメージボード」を使用し、より詳細な共通イメージを形成します。

1. **ポジショニングに参考画像を配置する**：イメージボード同様に、参考画像を配置していきます。

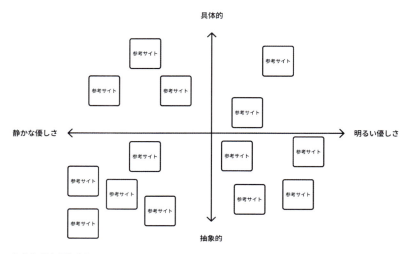

参考サイトを収集する

2. **近しい領域を選択**：4象限の中から最も印象が近い領域を判断します。ここで重要なことは、近しい1つの領域を選択できたことではなく、近しくない3つの方向性を決められたことです。

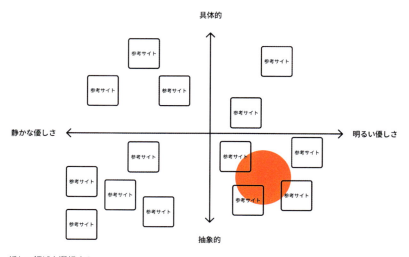

近しい領域を選択する

3. **2.の領域をさらに細分化してみる**：さらに深く印象の機微について検討

する場合は、2.で決定したセグメントを細分化します。

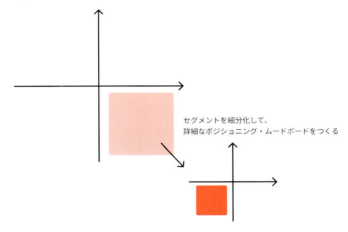

セグメントを細分化する

　ポジショニング・イメージボードまで深い共通認識を作る必要がある場合は、イメージボードよりも多くの時間が必要となります。各メンバーの意見の共有から合意形成まで1時間の会議で収束できないこともあるので、通常よりも長い時間の会議を設定するなど全体のスケジュールに影響が出ないようリスクマネジメントが必要です。

　また、パートナーシップが築かれている関係性であれば、「お互いの共通理解」があらかじめ存在しているため、イメージボードも最小限でメインビジュアル検討へと進行できます。

[制作フェーズ]

7-2 メインビジュアルで具体的な伝わり方を定める

Webサイトの顔ともいえるメインビジュアルの役割と、制作完了までの流れを解説します。設計フェーズで合意した内容に基づき、制作とフィードバックを実施します。ビジュアル単体ではなく、Webサイト全体の印象を左右する要素として検討を進めます。

ステップ・ゴール
メインビジュアルの制作および最終決定を行う。

コラボレーション内容
デザインチームが制作したメインビジュアルに対して、発注側はデザインの意図を理解し、適切なフィードバックを行う。

デザインチームの役割
イメージボードや設計資料で得た合意内容を軸としたメインビジュアルを制作する。

発注側の役割
社内のフィードバックを整理し、デザインチームに共有する。主観的判断は避け、これまでの合意内容に基づいて判断する。

依頼者 |―――――♥―――――| デザインチーム

メインビジュアルの役割

　ウェブサイトにおいて、メインビジュアルは単なる装飾ではありません。サイト訪問者に与える第一印象を左右し、視覚的なメッセージを通じてコンセプトを直感的に伝える要素として機能します。ここでは、メインビジュアルの具体的な役割について3つの観点から解説します。

1）サイト全体の印象を決める

　メインビジュアルは、サイト訪問時のファーストビューであり、ユーザーにとっての第一印象です。たとえば人と初めて会う際に、その人がスーツを着ているのか、カジュアルな服装をしているのかで印象が大きく変わるように、メインビジュアルも同様に、サイトの個性や雰囲気を伝えます。

　また、メインビジュアルを通じて訪問者が「このサイトは自分に合っている」と感じられるかどうかで、ユーザーからの期待と信頼感を高めることができます。

2）対象物の意味性の訴求／メッセージ性

　メインビジュアルは、伝えたいメッセージを視覚的に表現する手段でもあります。たとえば、新商品のプロモーションページでは、その商品の特徴や価値を象徴するビジュアルを配置することで、訪問者は商品の魅力を直感的に理解できます。

　また、社会的なメッセージやブランドの哲学を表現する場合にもメインビジュアルは効果的です。「環境に貢献する商品」という特徴があれば、一例ですが緑豊かな自然を背景にしたデザインがそのメッセージを強調するでしょう。このように、言葉で説明することなく、視覚的な情報だけでメッセージを訴求できます。

3）ユーザーの関心を引きつける

　メインビジュアルは、ユーザーの関心を引きつけるための「フック」として機能します。視覚的インパクトの強いビジュアルや、ユニークで印象的なデザインは、ユーザーの注意を効果的にひき、次のアクション（スクロールやクリッ

クなど）を促し、サイト滞在時間や離脱率に大きな影響を与えます。

メインビジュアル完成までの流れ

着手前の整理

　さて、いよいよメインビジュアルに着手をする前に、メインビジュアルの構成要素を確定する必要があります。「メインメッセージ」「ボディコピー」「CTA」などユーザーへの言葉です。デザインチームが担当するムードボードとイメージボードのプロセスと並行して、発注者はメインビジュアルの構成要素を事前に決めておきましょう。

　メインビジュアル制作の第一歩は、メインメッセージを明確にすることです。たとえば、ブランドの理念や商品の独自性といった最も伝えたいメッセージを選び、それをデザインの核に据えることで、ビジュアルに一貫性を持たせることができます。

　基本的にはコンセプト資料で検討した内容から言葉を採用しますが、「Webサイトでいちばん最初に伝えたいメッセージは何か？」という視点で最終決定をします。

　メインメッセージを確定したら、次に行うべきは、ビジュアルに含める情報の優先順位を整理することです。メインビジュアルには伝えたい情報が詰め込まれがちですが、情報過多はユーザーの混乱を招きます。

　まず、メインメッセージ以外に伝えたい内容があるかどうかを検討します。たとえば、前章で確定したコンセプトの言葉を補足する情報や、商品の特長を簡潔に表現するテキストを追加する場合もあります。これらはサブコピーやボディコピーと呼ばれる内容です。

　その他、CTA（Call To Action）と呼ばれる、ユーザーを具体的な行動に誘導するためのボタンを設置するかどうかなど、マーケティングの視点も重要です。

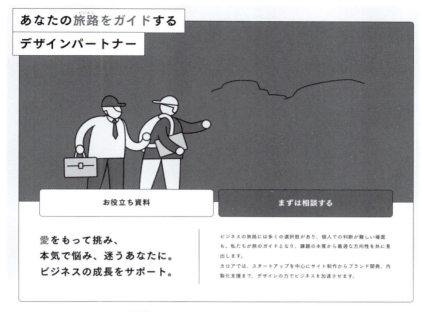

メインビジュアルにおけるCTAの配置例

メインビジュアル案へのフィードバック

　メインビジュアル案以降の制作フェーズでは、いよいよデザイナーの本領発揮です。ですが最初から完成度100％のメインビジュアルを作り上げることは現実的ではありません。これまでのムードボードやイメージボード同様に、複数の可能性から議論を繰り返し、少しづつ絞り込んでいくプロセスが必要になります。

　メインビジュアル案の初稿から完成まではフィードバックが2〜3往復することが多く、フィードバックの質によってメインビジュアルの完成度も左右されます。そこで、デザイナーへのフィードバックでのポイントをお伝えします。

▶ **設計資料を参照する**：メインビジュアルの方向性や印象を確認する際には、共通の設計資料を参考にします。この設計資料は事前に合意された内容をまとめたものです。そのため、デザインが設計どおりに仕上がっているかをチェックし、必要に応じて調整を行います。調整が必要な場合は、設計資料の具体的な内容を一緒に伝えるとスムーズです。

7-2 メインビジュアルで具体的な伝わり方を定める

▶ **具体的な言葉や資料を使う**：「なんとなく主張が強い」など主観的で曖昧なフィードバックではデザイナーに修正の意図が伝わりません。たとえば、「やさしさをコンセプトにしているが、メインメッセージが大きすぎて、少し主張が強い印象を受ける」といったように、理由を具体的に伝えることが重要です。

　また、言葉で伝えることが難しいが印象に違和感がある場合は、調整後のイメージ画像など具体的な資料と合わせてフィードバックをします。

▶ **デザインの意図を理解する**：デザインには明確な正解は存在しません。そのため、「このビジュアルで本当に良いのだろうか？」と不安になることもあります。

　しかし、デザイナーはビジュアルづくりのプロであり、プロジェクトメンバーで誰よりも深くビジュアルについて考え抜いて提案します。フィードバックの際は、デザイナーを信頼し、デザインの意図を理解しましょう。「なぜこのデザインにしたのか？」とデザイナーに意図を尋ね、その背景を理解します。デザイナーとの対話を通じて、新たな視点を得られ、多角的にデザインを考察できます。

[制作フェーズ]

7-3 ワイヤーフレームに
コンテンツを当てはめる

設計フェーズで作成したワイヤーフレームを参照し、原稿や画像などのコンテンツ素材を準備します。素材の支給は発注側のスコープであり、慣れていない場合は時間を要するため、早めの着手によって遅延がないように進行しましょう。

ステップ・ゴール
公開用のテキストや画像などの素材の準備を完了する。

コラボレーション内容
デザインチームはテキストの文字数制限などの制約条件を共有し、発注側は制約に準じた素材を支給する。

デザインチームの役割
スケジュールを明確にし、発注側へコンテンツ素材の支給を依頼する。支給後の素材は共有フォルダで管理する。

発注側の役割
必要に応じて社内のマーケティング部など関連部門と連携し、コンテンツの素材支給を完了させる。

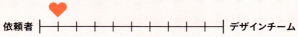

デザインに必要な素材を理解する

メインビジュアルが決まれば、そのビジュアルに合わせた表現でトップページを制作します。そして、トップページが完成すれば、そのデザインルールをもとにWebサイト全体のページデザインを進めます。このページデザインに取り掛かるには、テキストや画像といった具体的なコンテンツが必要です。

デザインとは、情報の意図や優先順位を視覚的に整理・表現するための手法であり、具体的な情報がない状態では成立しません。そのため、デザインプロセスを円滑に進めるには、発注側が「伝えたいメッセージ」や「ユーザーに与えたい印象」をできるだけ明確にし、それをテキストや画像のかたちでデザインチームへ支給しなければいけません。

デザインの着手に必要な原稿と納期を明確にし、プロジェクト全体のスケジュールを把握し、現在優先すべき作業に集中できる環境を整えましょう。実際のプロジェクトでは、デザインチームの担当範囲と発注側の担当範囲を並行して進めることが一般的です。具体的なスケジュール例はダウンロード資料に記載していますので、ぜひご確認ください。

ワイヤーフレームに沿って原稿を入れる

デザインに必要な原稿を作成する手順を説明します。設計資料の「ワイヤーフレーム」と「コンテンツマップ」をもとに「1. 必要な情報のコンテンツの選択」「2. 原稿の作成」「3. デザインチームへの共有」の3つのステップで原稿を作成します。

1. **コンテンツマップを確認して原稿の大枠を決める**：まず、ワイヤーフレームで指定された各セクションに、どのような情報を盛り込むべきかをコンテンツマップをもとに確認します。

   このとき、コンテンツを読むユーザーを意識することが重要です。たとえば、初心者に向けては詳細な説明を盛り込み、リピーターに対しては簡潔な要約を提供するなど、ターゲットに応じた情報設計を心がけます。さらに、情報の重要度を整理し、優先順位をつけながら、重要な内容を先に配置することで、効果的な原稿作成を進めることができます。

2. **各セクションに対してテキストを作成する**：ワイヤーフレームで指定されたエリアごとに、適切なテキストを埋めていきます。このとき、情報の粒度が大きいものから順に着手していきます。

　ここで、文字数などを完全に決めきるのではなく、デザインチームからの意見を取り入れることができる余白を持った状態を目指しましょう。完成させた原稿を作る必要はなく、80%程度の完成度を目指します。

3. **テキストをデザインチームに共有する**：作成したテキストはデザインチームに共有し、実際のデザインに適した調整を行います。発注側が責任を持って原稿を作成することは重要ですが、発注側だけで進めてしまうと、どうしても客観性を欠くことがあります。

　そのため、デザインチームには、テキスト量がデザインに収まるか、情報が過不足なく整理されているかなど、デザインとの整合性を確認してもらいましょう。それだけでなく、情報の優先度が適切か、原稿に違和感がないかといった内容面での客観的なフィードバックを求めることも大切です。

　こうしたフィードバックを受け入れ、原稿をデザインチームと共に仕上げていくコラボレーションを重視しましょう。このプロセスを通じて、より良いWebサイトを作るだけでなく、発注側とデザインチームとのパートナーシップも育まれます。

ノーコードツールなら公開後のテキスト修正も自分たちでできる

　原稿作成に関連して、ノーコードツールの大きなメリットのひとつである「テキスト修正」についてご紹介します。

　Webデザインの現場では、「句読点を修正するだけで4万円も必要だと言われた！」というエピソードを聞くことがあります。たしかに、開発環境やページの構造によっては、句読点1つの修正でも多くの工数がかかる場合があります。

　しかし、発注側からすると「句読点1つで4万円」という金額は理解しづらいものでしょう。普段使っているメールやSNSなどでは、文字修正は数秒で完了するのが当たり前です。

　こうした費用感のミスマッチを防ぎ、スムーズに運用できるのがノーコードツールの強みです。たとえば、サイト公開時に「新機能」として紹介していた

内容を、半年後に「機能」と表記を変更したい場合でも、自分たちで簡単に修正できます。

まるでPowerPointを編集する感覚でWebサイトを編集できる。それがノーコードツールの恩恵です。

原稿の着手は早めに

原稿作成の具体的な手順をお伝えしましたが、スケジュールの観点でも考えてみたいと思います。先ほど紹介した参考の原稿スケジュールでは2週間が原稿の期間として設定されていますが、Webサイトのページ数や組織の承認プロセスによっては時間が足りないこともよくあります。

このスケジュールの調整はプロジェクトマネージャーのリスク管理の範囲となりますが、発注者があらかじめ原稿のスケジュール感を確認し、できるだけ早いタイミングで着手やアラートを発することで、スケジュール遅延のリスクを軽減できます。

もちろんプロジェクトのどのフェーズにおいても「早く動く」に越したことはありません。ただ、筆者の経験上、このフェーズでの遅延の発生頻度は他のフェーズよりも顕著に高いです。そのため原稿作成を「やれるときに、やれることを進めておく」ことを強く推奨します。この少しの努力はプロジェクトにとって3つのメリットがあります。

- ▶ **じっくり考えられる**：締切間近に動き出すと、焦って書くことでミスが増えたり、意図が伝わりにくい内容になるリスクが高まります。一方、早めに原稿作成に取りかかれば、アイデアを寝かせる時間が確保でき、一度書き上げた後に見直す余裕も生まれます。このようなプロセスを通じて、気づかなかった改善点を発見し、より完成度の高い内容に仕上げることができます。
- ▶ **制作チームとの連携がスムーズになる**：余裕を持って原稿を提出することで、制作チームとのコミュニケーションが円滑になります。フィードバックを受ける時間が確保できるため、結果としてクオリティも向上します。原稿が遅れると後工程のデザインプロセスの期間が逼迫します。原稿に早

めに着手することで、制作チームが十分な余裕を持って、デザインに集中
できる状況をつくりましょう。

▶ **締切をリードできる**：早めに行動を始めるには、1ページ分や見出し案、
箇条書きのアイデアなど、小さなステップで構いません。このように少し
ずつ進めることで、気づいたときには原稿が完成しているという理想的な
状態を作ることができます。また、「締切がまだ先だから」と後回しにせず、
「今日できることを少しだけやる」という姿勢を持つことが重要です。こう
した余裕を作ることで、万が一の予定変更や仕様変更にも冷静に対応でき、
スケジュールをリードする意識で取り組むことが可能になります。

[制作フェーズ]

7-4 デザインプロセスの進捗とフィードバック量の関係性

メインビジュアル決定後のデザインプロセスの流れについて解説します。ここからは制作フェーズの後半に入り、発注側の関与は減少しますが、適切なタイミングで適切なフィードバックができるよう、デザインプロセスの全体像を把握しましょう。

ステップ・ゴール
メインビジュアルの印象を参照し、Webサイト全体のデザインを制作する。

コラボレーション内容
メインビジュアルの印象がWebデザイン全体に反映されているか、発注側からデザインチームへ適宜フィードバックする。

デザインチームの役割
適切な順序でWebサイト全体の制作に着手し、発注側が確認しやすいようプレビュー環境を整える。

発注側の役割
メインビジュアルが適切にWebサイト全体に反映されているか、適宜確認とフィードバックを実施する。

依頼者 |—|—|—|—|—|—|—♥—| デザインチーム

発注者の関与とデザインプロセスの進行

　ここまでの制作プロセスでは発注者が積極的に関与することが求められました。ムードボードやイメージボードの段階では、発注者が参考資料を提供し、デザイナーと同期的なコミュニケーションを通じて十分な時間をかけて共通理解を形成します。また、メインビジュアルの作成では、複数回にわたるフィードバックを重ねることで、徐々に完成度を高めていくプロセスが重要です。

　デザインプロセスの初期段階では、デザイナーと発注者の間に共通認識がまだ十分に形成されていないため、発注者からフィードバックが必要です。このフィードバックの質と量は、最終的なデザインの品質を左右する重要な要素となります。

　一方、メインビジュアルをトップページへ展開するプロセス、さらにトップページから下層ページへ展開するプロセスに進むにつれ、発注者からのフィードバック量は減少していきます。これは、メインビジュアルが完成した後のデザインがメインビジュアルで確立されたトーン＆マナー（トンマナ）をWeb全体に適用する段階に移行するからです。このフェーズは専門的なデザイン領域であり、デザイナーを信頼し、任せることが基本となります。

　同様に、デザインの実装、つまり完成したデザインをWeb環境へ構築するプロセスも専門家の領域です。この段階では、発注者は実装者を信頼し、確認作業を中心としたフィードバックを行うこと以外にできることはありません。

　こういったデザインプロセスの進捗とフィードバックの関係性を理解し、各フェーズでどの程度の熱量を持ったフィードバックが求められるのかを把握することで、プロジェクト全体におけるフィードバックの精度を向上できます。

　特に、以下のデザインプロセスでは発注者の関与が少ない場面もありますが、それでもプロセスを理解しておくことは重要です。プロジェクト全体におけるフィードバックの精度を向上させる鍵となります。

メインビジュアルからWebデザインに展開する流れを知る

「メインビジュアル」→「トップページ」への展開

　メインビジュアルは、多くの場合、Webサイトの最初に目にする部分（ファーストビュー）としての役割を果たします。そのため、メインビジュアルの完成＝Webサイトのファーストビュー完成となる場合が一般的です。

　このファーストビューをもとに、トップページの各セクションをワイヤーフレームに沿ってデザインします。また、トップページでデザインされたパーツは、下層ページでも繰り返し使用されるため、トップページデザインの段階で全体の共通デザインが制作されていることを認識しましょう。具体的には、以下のような要素が共通パーツとなります。

- ▶ **ナビゲーション**（グローバルメニュー）：サイト全体のアクセス性を高めるための重要な部分です。
- ▶ **ボタン類**（「more」ボタンやリンクボタンなど）：ユーザーが行動を起こしやすい形や配置を検討します。
- ▶ **見出し要素**（H1、H2など）：情報の階層構造をわかりやすく伝えるデザインにします。

　これらの要素を調整することで、トップページ全体のデザインを完成させるだけでなく、サイト全体の統一感も生まれます。

「トップページ」→「下層ページ」への展開

　トップページで決定したパーツを軸に、下層ページへ展開していきます。ここで言う「下層ページ」とは、メインページ以外のページを指します。

　一方で、この段階でトップページで制作していた要素に修正依頼があると、スケジュールの遅延につながる可能性があります。たとえば「見出しのフォントサイズが気になる」「アクセントカラーの色味を変更したい」といったフィードバックです。

　これは、家の建築においてキッチン1部屋が完成した段階で「床材を暗めに変更したい」とオーダーするようなものです。既に決まっている要素を変更す

ることはデジタル上でも同様に大きな工数が発生してしまいます。

　こうした、フェーズにそぐわないフィードバックが続く場合、追加費用が発生しなくても、お互いの信頼関係に影響を及ぼす可能性がある点に注意が必要です。

「PCデザイン」→「レスポンシブデザイン」へ展開

　PCデザインとはパソコンに対応したデザインを指し、レスポンシブデザインとはスマートフォン（SP）やタブレット（TAB）に対応したデザインを指します。これまで制作していたものはすべてPCデザインです。

　PCデザインをもとに、SPやTABデザインを展開します。まずPCデザインのトップページをもとにSP／TABデザインのトップページを作成します。このSPトップページを基準にして、さらにSP／TABの下層ページを制作します。

　レスポンシブデザインを制作する際には、各デバイスが対応する画面幅を設定する「ブレイクポイント」を決める必要があります。特にこだわりがない場合は、推奨されるサイズ幅に基づいて設定することが一般的です。具体的には、パソコンの場合は1024px以上、タブレットは520〜1023px、スマートフォンは320〜519pxが推奨サイズとなります。

[制作フェーズ]

7-5 ユーザー視点とSEO視点から実装を確認する

Webデザインをインターネット上で閲覧可能な状態として構築する「実装」工程での確認項目を解説します。実装はデザインと同様にユーザー体験に大きな影響を与えるため、発注者が実装の良し悪しを判断するためのポイントを理解しましょう。

ステップ・ゴール
デザインをWebで公開するための「実装」を完了する。

コラボレーション内容
デザインチームの実装内容について、UXとSEOの視点で発注側が確認する。

デザインチームの役割
構造化とインタラクションを重視したWebサイトを構築する。

発注側の役割
実装における用語を理解し、CMSや分析ツールなど運用面での確認も実施する。

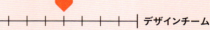

「デザイン」ではなく「実装」で達成すること

「Web実装」とは、デザインをWeb環境に構築する業務のことを指します。具体的には、デザインデータをもとに、HTML（Webページの構造を作る言語）やCSS（デザインやレイアウトを整える言語）を使ってWebサイトを作る作業で、「コーディング」とも呼ばれます。

Webデザインプロジェクトでは、実装フェーズが「デザインを忠実に再現するだけ」と見なされることも多くあります。しかし、実装には非常に重要な役割があります。「ユーザーが使いやすいサイト」「機械が理解しやすいサイト（SEO）」、2つの視点で解説します。

1）ユーザーが使いやすいサイト

Chapter 1で解説したように、デザインは単なる見た目の美しさだけでなく、ユーザーにとっての体験全体を設計する重要な役割を担っています。これまでのデザインプロセスでは、常にユーザーの視点を意識しながらWebデザインを構築してきました。

しかし、デザインデータだけでは表現しきれない要素も存在します。特に、ユーザー体験を向上させるためには、以下のような要素を実装段階で補完することが重要です。

- ▶ **印象に残るアニメーション**：ページを訪れた瞬間や重要な情報が表示されるタイミングにアニメーションを加えると、ファーストビューやCTAの要素を際立たせることができます。ただの視覚的な装飾ではなく、動きを加えることで、ユーザーの記憶に残りやすい効果を生み出します。
- ▶ **ボタンのホバー効果**：ボタンにカーソルを合わせたときに色が変わるなどの視覚的変化を加えることで、「ここをクリックできる」と直感的に伝えることができます。この効果により、操作がわかりやすくなり、使いやすさが向上します。この効果を取り入れることで、ボタンのクリック率向上にもつながります。
- ▶ **クリック後のフィードバック**：ボタンを押した瞬間に色や形が一瞬変わるなどの変化を加えることで、「操作が反映された」という安心感をユーザー

7

7-5
ユーザー視点とSEO視点から実装を確認する

に与えます。これにより、Webサイトの操作がより快適になります。

▶ **ページの読み込み速度を速くする**：ページの読み込み速度が遅いと、ユーザーはストレスを感じ、最悪の場合はWebサイトを離れてしまう原因になります。実装段階では、画像のデータ量を圧縮したりコードを最適化したりして、ページをできるだけスムーズに読み込ませる工夫をします。

2) 機械が理解しやすいサイト

ここで意味する「機械」とは、GoogleやYahoo!といった検索エンジンを指します。検索エンジンは、ユーザーが入力したキーワードや検索意図に基づき、最適な情報を提供する仕組みです。そのため、Webサイトの内容を検索エンジンに正確に伝えることが、検索結果で上位に表示される、いわゆるSEO（Search Engine Optimization：検索エンジン最適化）にとって重要なポイントになります。

検索エンジンに「このページは何について書かれているのか」を的確に伝えるためには、実装段階で適切な設計を行うことが必要です。

以下では、Googleが公式に発表している「SEOスターターガイド」の内容から、検索エンジンにとって「理解しやすいサイト」を作るための基本的なポイントをまとめています。SEOの基本を押さえることで、Webサイトが機械にもユーザーにも親切なものになります。少し専門的な内容も含まれていますので、参考程度にご覧ください。具体的な実装フェーズの確認事項は後述します。

▶ **HTML構造の正しい設計**：見出し（h1、h2、h3など）を適切に使い、情報の階層を明確に示します。たとえば、ページの主要なトピックにはh1を、サブトピックにはh2やh3を使います。

▶ **メタデータの設定**：タイトルタグやメタディスクリプションを最適化し、検索結果ページでクリックされやすい説明文を用意します。これにより、検索エンジンにも正確に内容を伝えられます。

▶ **サイトの読み込み速度の高速化**：機械が効率的にサイトを解析するには、ページの読み込み速度が重要です。画像やスクリプトの最適化、キャッシュの活用を行い、スピーディな表示を実現しましょう。

▶ **内部リンクの設置**：サイト内で関連するページを適切にリンクし、クロー

ラーが全ページを効率的に巡回できるようにします。また、これにより訪問者の回遊率も向上します。

▶ **URL構造の最適化**：わかりやすく簡潔なURLを設定します。たとえば、「example.com/article123」よりも「example.com/web-design-tips」のほうが検索エンジンにとってもユーザーにとっても理解しやすいでしょう。

▶ **構造化データの活用**：構造化データを追加し、検索エンジンに具体的な情報を提供します。これによりリッチスニペット（例：レビューや価格情報）が表示され、目立ちやすくなります。

わかりやすいサイトを作るための確認事項

「ユーザーが使いやすいサイト」「機械が理解しやすいサイト」を実現するために、実装段階では具体的にどのような点を確認すべきでしょうか。ここでは、設計資料の1つである「ディレクトリマップ」を活用しながら、確認すべきポイントを整理します。

わかりやすいサイトの基本「メタデータ」と「パス」

「メタデータ」と「パス」は、ユーザーと検索エンジン（機械）の両方にとってわかりやすいサイトを作るための基本要素です。これらをしっかり整えることで、Webサイトの信頼性や利便性が向上し、検索結果での評価も高まります。

1）メタデータ

メタデータは、Webページの内容を簡潔に説明する情報で、主に「タイトル」と「ディスクリプション」の2つで構成されています。この情報は、検索エンジンやユーザーがページを正しく理解するために非常に重要です。

タイトルとディスクリプションの例

- **ユーザーにとっての使いやすさ**：検索結果に表示される「タイトル」や「ディスクリプション」は、ユーザーがそのページをクリックするかどうかを決める大きな要素です。わかりやすい内容が書かれていれば、どんなページかをすぐに理解でき、信頼感を持ってアクセスできます。
- **機械にとっての理解しやすさ**：検索エンジンは、「タイトルタグ」や「ディスクリプション」からページのテーマや内容を理解します。特にタイトルタグはSEOにおいて非常に重要な役割を果たし、検索結果での順位に影響を与えます。適切に設定することで、検索エンジンがページを正しく評価しやすくなります。

2) パス

パスは、URLの一部で、特定のページやリソースの場所を示します。たとえば、https://caroa.jp/design では「/design」がパスに該当します。

- **ユーザーにとっての使いやすさ**：整理されたパスは、ページの内容を瞬時に伝えるため、ユーザーがURLを手入力したりSNSでシェアする場合にも便利です。たとえば、/design というパスであれば、そのページがデザインに関するものであると直感的に理解できます。また、意味のあるパスはスパムのように見えないため、信頼感を高める効果もあります。
- **機械にとっての理解しやすさ**：パスに関連するキーワードが含まれていると、検索エンジンがそのページの内容をより正確に理解できます。論理的で整理されたパスは、SEOの観点から評価されやすく、検索順位の向上にもつながります。

「メタデータ」と「パス」は各ページと紐づけて管理することが重要です。ダウンロード資料の「ディレクトリシート」に記入し、デザインチームと共有しましょう。また、原稿と同じく、「自社をどう伝えるか」という視点が必要です。発注側で案を作成し、デザインチームからのフィードバックを反映して完成度を高めましょう。

ディレクトリマップ上へのパスとメタデータの記入例

実装プロセスでの確認事項

　Webサイトの種類や要件によって、確認すべき項目は「メタデータ」や「パス」以外にもあります。ここでは特に頻出する確認ポイントをまとめました。

アニメーションの確認

　アニメーションは使いやすさや印象に大きく影響します。デザインだけでは表現できない部分も多いため、実装後の確認が重要です。

- ▶ **ファーストビューでの印象補完**：アニメーションは特にファーストビュー（ページを開いたときの最初の画面）で使われることが多く、サイトの第一印象に直結します。
- ▶ **リアルタイムプレビューで確認**：ファーストビューが実装された段階で、実際の動きをリアルタイムプレビューで確認します。この時点でデザイン通りに表示されているかチェックしましょう。

CMSの確認

　CMS（コンテンツ管理システム）は、ブログやニュースなどの更新作業を管理者が行うためのシステムです。運用しやすいサイトにするには以下のポイントを確認しましょう。

7

7-5

ユーザー視点とSEO視点から実装を確認する

- **要件との整合性**：あらかじめ要件で合意をとっている内容に合っているのか確認しましょう。Newsやブログなどの更新したいページが更新できる状態になっているのかは、実装プロセスでの確認項目です。
- **管理者の使いやすさ**：管理画面の操作性や、記事や画像の更新方法を確認します。どの部分を編集できるのか、どの部分は編集するとデザインが崩れる可能性があるのかも把握しておきましょう。実際に管理画面を触ってみることで、使い勝手や課題を把握できます。

分析ツールの確認

Google Analytics（GA）やGoogle Tag Manager（GTM）などの分析ツールも運用管理に欠かせません。これらを適切に実装するために以下を確認します。

- **必要なツールの実装状況を確認**：GAやGTM以外にも、HubSpotなどのマーケティングツールが必要な場合は、この段階で実装が済んでいるか確認します。
- **管理者の使いやすさ**：分析ツールが適切に設定されているか、使い方に問題がないかを確認しましょう。

実装プロセスにおけるデザインチームとのコミュニケーション

実装プロセスでは、デザインプロセスに比べてコミュニケーション量が少なくなる傾向があります。これは、実装の目的が「完成したデザインをWeb環境に正確に反映すること」にあるためです。発注者の確認作業も「デザイン通りに再現されているか」をチェックすることが中心となります。

実装者と発注者のやりとり

実装プロセスでは、形にすべきデザインが既に存在しているため、デザインプロセスのようにアイデアを出し合って正解を一緒に作り上げる必要はありません。そのため、打ち合わせやディスカッションの機会が減少します。実装に

関する専門用語や技術的背景は専門性が高いため、発注者と実装者が直接やりとりをすると認識のズレが生じる可能性があります。そのため、ディレクターが間に入り、両者の意図を調整する役割を担うことが一般的です。また、実装者が打ち合わせには参加せず、裏方で作業を進める場合も多く見られます。

デザイナー＝実装者の場合

　ノーコードツールを使用すると、デザイナーが実装を担当できるケースが増えます。この仕組みは、デザインと実装の間での認識違いやトラブルを最小限に抑える効果があります。通常、実装者とデザイナーが分業する場合、それぞれの役割に関連するコミュニケーションコストが発生しますが、デザイナーが実装を兼任することでその負担が軽減されます。その結果、制作にかかるコストを削減でき、発注者に対してより合理的な予算提示が可能になります。

[制作フェーズ]

7-6 公開までの段取りは日単位の スケジュールで進める

実装完了後からWebサイト公開までの段取りを解説します。公開後のトラブルを避けるため、公開直前の修正対応や公開前会議を行い、念入りに確認したうえで公開当日を迎える準備を整えます。

ステップ・ゴール
公開までの段取りを日単位で明確にし、公開当日を迎える。

コラボレーション内容
日単位でタスク管理とコミュニケーションを徹底し、お互いが良い緊張感を持って公開のための最終調整を実施する。

デザインチームの役割
デザインおよび実装に些細な誤りもないよう、品質確認など公開直前のタスクは複数メンバーで丁寧かつ慎重に対応する。

発注側の役割
予定通りに公開準備を進めるため、デザインチームが設定したスケジュールを遵守し、最終確認を実施する。

246

日単位の段取りを決めて、着実に実行する

　Webサイトの公開はトラブルが発生しやすいプロセスです。そのため、「誰が」「どの作業を」「いつまでに行うのか」を明確にし、日単位で段取りを組むことが重要です。また、公開作業においては、誤った公開リスクを避けるため、発注側が担当することをおすすめします。

　そして、スケジュールやタスクの確認については、「公開前会議」で具体的な段取りを決定し、確認事項や各担当者の役割を明確にします。この段取りを計画通りに実行することで、トラブルのリスクを最小限に抑え、安心して公開日を迎えられるでしょう。

公開前会議の開催

　公開前会議は、通常であれば公開日の10営業日前を目安に開催します。公開前会議では以下のように、公開前スケジュール、プレビューURL、依頼側の確認項目を共有し、公開までの段取りに不明点がないかを詳細に確認します。いずれの資料もダウンロードデータに「公開前確認資料」ファイルとしてまとめていますので、実際のプロジェクトで使用してみてください。

▶ **公開前スケジュール：**
- 10営業日前　　公開前会議
- 7営業日前　　最終確認（依頼側）
- 5営業日前　　要望対応（デザインチーム）
- 3営業日前　　品質確認（デザインチーム）
- 2営業日前　　要望反映状況確認（依頼側）
- 1営業日前　　公開直前チェック（デザインチーム）
- 公開当日　　公開判断／公開作業（依頼側）、
　　　　　　　公開後の動作確認（デザインチーム）

　　※公開日翌日は、万一のトラブルに備えて稼働を確保しておく

▶ **プレビューURL**：公開予定の全ページのプレビューURLを共有します。このプレビューURLをもとに、次の「依頼側の確認項目」をチェックします。

7

7-6 公開までの段取りは日単位のスケジュールで進める

▶ **依頼側の確認項目**：公開前の最終確認用チェックリストです。分析ツール
やドメイン関連の確認項目も含まれているため、不明点があれば随時デザ
インチームに確認しましょう。また、確認後に変更依頼などの要望がある
場合は、次の「要望リスト」へ記入しましょう。

公開前確認リスト

1. コンテンツの最終チェック

- ☐ テキスト確認：誤字脱字がないか、また変更する箇所がないか確認します。
- ☐ CMS：セミナー、ブログ、お知らせなどの掲載情報に誤り・過不足はないか確認します。
- ☐ リンク確認：内部リンクや外部リンクが正しく設定されているか、リンク切れがないか確認します。
- ☐ 画像と動画の確認：画像の解像度やサイズ、動画の再生状態を確認します。

2. 動作確認

- ☐ ブラウザテスト：主要なブラウザ（Chrome、Safari、Firefox、Edge など）で正常に表示されるか確認します。
- ☐ デバイステスト：PC、タブレット、スマートフォンなど、さまざまなデバイスで動作とレイアウトを確認します。
- ☐ フォームテスト：問い合わせフォームやメール送信機能が正常に動作するかテストします。

3. SEOとパフォーマンスの確認

- ☐ メタデータの設定：タイトルタグやメタディスクリプションが正しく設定されているか確認します。
- ☐ URL 構造：URL がわかりやすく記入されている

4. アナリティクスとトラッキングの設定（※必要な場合）

- ☐ Google Analytics や Search Console：Web サイトのパフォーマンスを追跡できるように設定します。
- ☐ タグマネージャー：必要に応じて広告やトラッキングのコードを埋め込みます。

5. ドメインの設定

- ☐ DNS 設定：公開するドメインが正しくサーバーに紐づいているか確認します。リニューアルサイトの場合は公開直前に対応します。

▶ **要望リスト**：要望リストは、「依頼側の確認項目」で要望が発生した場合に

使用します。項目とページ、詳細は依頼側が記入します。デザインチームは対応後、要望のステータスを、見送り／対応予定／対応済みのいずれかに変更し報告をします。

公開直前の修正がもたらすリスク

　先ほどの公開前スケジュールにも記載があるように、デザインチームも公開前に確認を実施します。たとえば5〜6ページほどのWebサイトであれば、1人あたり約4時間をかけ、プロジェクトメンバー全員で細部まで確認を行います。こうした品質チェックがあるからこそ、世の中のWebサイトは正常に機能し、ユーザーが安心して利用できているのです。

　一方で、スケジュールに余裕がないプロジェクトでは「できるだけ早く公開したい」という声があがることがあります。しかし、品質チェックをスキップすることは非常に危険です。わずかな確認不足が公開後のトラブルや運用の負担の原因になります。

　こういった理由からチェック作業後の変更は大きなリスクとなります。先のスケジュールにもあるように、公開日の7営業日前を目安に、依頼側の最終確認を終えるようにしましょう。

「まだ公開していないのだから修正は可能だろう」と軽く考えがちですが、チェック期間中に修正が発生すると、デザインチームが一度終えた確認作業をやり直す必要が出てきます。確認が繰り返されれば、その分の工数が増え、公開スケジュールにも影響が及びます。

Chapter

8

パートナーシップの継続

8-1 　自走する部分と、パートナー企業と
　　　共創する部分を分ける

8-2 　振り返り会を実施し、
　　　プロジェクトを積み立て式にする

8-3 　継続的にできそうなパートナーシップを実践する

［運用フェーズ］

8-1 自走する部分と、パートナー企業と共創する部分を分ける

パートナー企業へ依頼した方が良い内容と、自社内でやった方が良い内容を明確に決めて、お互いにとって中長期的に成長できる体制構築をします。その一環として「レクチャー会」をパートナー企業に開催してもらい、自走可能な状態にします。

ステップ・ゴール
自走状態を作る。

コラボレーション内容
発注者にとって最適な自走状態を明確にするため、ディスカッションを通じてレクチャー会の内容を決定する。レクチャー会当日では小さな疑問も共有し、不安要素の解消を目指す。

デザインチームの役割
CMSの更新など、発注者が自走できるための操作方法をわかりやすく伝える。当日の内容を録画して共有するなど、できる限りの情報を発注者に提供する。

発注側の役割
Webサイト運用メンバーのリソースを把握したうえで、最適な自走レベルをデザインチームに共有する。

依頼者 |―――――♥―――――| デザインチーム

自社にとっての「自走」とはどんな状態か？

会社によって異なる「自走状態」

　カロアでは、自走できる部分はなるべく自走できるようにするためにノーコードでのWebサイト運用を推奨しています。しかし、いくらノーコードであっても、ある程度の知識がなければ運用は難しいものです。そのため、発注者がそれぞれ自走できる環境を整えるためのレクチャー会を実施しています。この「自走」の内容は、実は発注者によって異なります。

　たとえば、ある会社では記事の更新が中心になる一方、別の会社では広告のA／Bテストのためにキャッチコピーを変更する必要がある場合もあります。また、テンプレートページを活用して自ら新しいページを作成したり、採用情報などの記事以外の情報を更新したりするケースもあります。そのため、レクチャー会の内容は各発注者の状況に応じてカスタマイズしています。

なぜ自走と共創を分けると良いのか

　パートナーシップを組んでいて同じ目標に向かって進んでいるとはいえ、現実的には別の会社同士です。会社間の依頼となるとどうしても費用も時間もかかってしまう可能性があります。そこで、カロアとして推奨しているのが「自走できる部分は内製化する」「専門性が必要な部分はパートナー企業と共創する」という考え方です。

　後述する自走レベルに応じて、可能な範囲でなるべく自社内で行えることは自走していきます。一方で、運用の中にはプロフェッショナルの協力が必要な場面もあります。たとえば、新規プロダクトのページデザインや、機能追加に伴うUIの変更、さらには毎年更新される採用ページのキービジュアル制作などが挙げられます。これらのケースでは、専門家との協業を活用して、より良い成果を追求します。

自走状態のレベル

　自走状態には、基礎的な内容であるレベル1から、より専門的状態のレベル4まであると考えています。自社内でどこを目指すかを考えたうえで協業の体制を構築します。

［レベル1］基本操作を行う

日常的な更新作業を問題なく行える段階。

- テキストや画像の変更
- ブログ記事やお知らせページの追加
- 基本的なリンクの修正
- フォーム項目の追加、フォームのメールアドレスとの紐づけ

［レベル2］トラブルに対応する

小さな問題を自力で解決できる。発生する問題は多岐にわたるため、どの問題を自力で解決できるか、またどの問題をデザインチームに依頼すべきかの判断ができる。

- ページがうまく表示されない際の修正
- 画像のサイズ／解像度が適切でない場合の対応
- 埋め込みコードの修正
- ノーコードツール側が提供するサポートドキュメントの活用方法

［レベル3］新しい要素を追加する

サイトに新しい要素を追加できる。基本的なWebデザインやUI／UXの考え方など、専門内容の理解が求められる。

- 新しいページの追加とデザイン設定
- サイト全体の構造の見直し（メニューやナビゲーションの調整）
- SEO設定やフォームのカスタマイズ。
- セクションの複製、カスタムコードの挿入

［レベル4］定期的な改善のための活動をチームとして実施する

担当者だけではなく、専門のチームとしての運用を行う。チームそれぞれが専門的な領域を求められ、デザインチームの一部として参画できるメンバーで構成される。

- 定期的にミーティングを行い、改善を自分たちで提起
- 基本的なデータ分析スキル
- マニュアルやルールを文書化し、運用の標準化を図る

- 効果的なデザインやコンテンツの案出し
- リニューアルのための情報設計

更新頻度や社内体制によって、「自走」の定義は企業ごとに異なります。ノーコードのメリットは、運用の自走によってリソースを効率的に活用できる点です。しかし、無理に専門メンバーを採用・教育して運用レベルを引き上げることは、時に過剰な対応になる場合もあります。たとえば、複数のWebサイトを管理しているならともかく、1〜2個のサイト運用だけのために専任者を社員として雇うのは経済的に非効率です。一般的には、1〜2個のサイト運用であればマーケティングチームが担う組織が多いです。

そこで、おすすめの方法としては、まず「レベル1」の課題は完全に社内担当者で解決できるようにすることです。「レベル2」は、ある程度の学習期間を設けることで現実的になります。そして、「レベル3」以降の専門的な作業はデザインチームに依頼するのが効果的です。このとき、「これなら自社で対応できるが、ここから先は難しい」といった状況をデザインチームに共有できれば、スムーズなやり取りが可能です。

このように、自社にとっての「最適な自走」の状態を決めて運用することが重要です。カロアでは、すべてのクライアントに対し、「レベル1」水準の運用を可能にするレクチャーを実施しています。さらに、クライアントの状況に応じて、必要に応じた追加のレクチャーも提供しています。これにより、無理なく運用の自走化を進めることができます。

Studioを使ったWeb運用の「自走化」

カロアではノーコードツールのStudioを使用してWebサイトを制作することが多いです。Studioを使用することでWebの専門知識を持っていなくても直感的に運用することが可能です。

以下では、カロアのレクチャー会でお伝えしている内容からStudioの簡単な使い方を紹介します。

管理画面の操作

ドメインの設定やメンバーの招待などWebサイトのプロジェクト全体の基本設定などが行える場所です。

▶ **プロジェクト設定**：独自ドメインの設定、Studioバナーの非表示、ライブプレビューの設定、サイトマップの公開、パスワード保護設定、カバー画像設定などの設定ができます。

プロジェクト設定

▶ **メンバー**：共同でWebサイトを運用するメンバーを招待したり、メンバーの権限を設定したりできます。記事の作成画面しか操作できないライター権限などもあり細かな権限設定も可能です。

メンバー

▶ **Apps**：外部のアプリケーションと連携するための画面です。Google Analyticsを使用してWebサイトのアクセスの計測をする場合はここで設定します。

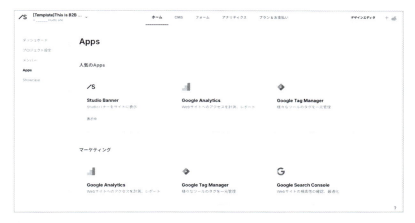

Apps

▶ **CMS**：ブログのように記事やサイト内のコンテンツを管理するための場所です。ここで管理することで、複雑な操作をしなくても簡単にWebサイトの情報を更新することができます。

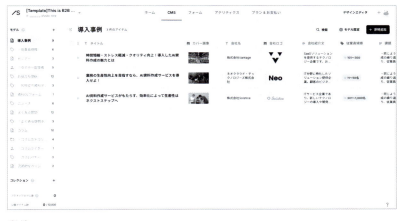

CMS

▶ **フォーム**：Studioでは純正のフォーム機能があります。ここではWebサイトに設置したフォームの回答データを閲覧したり、管理したりできます。

フォーム

▶ **アナリティクス**：Studioでは外部ツールを使用しなくても純正の機能でおおよそのアクセス数の計測が可能です。

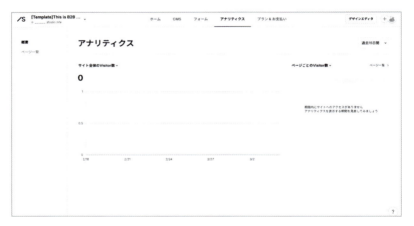

アナリティクス

▶ **プラン＆お支払い**：Studioは4つのプランが用意されていますので、自身のサイトの要件に合わせたプランを選択することができます。

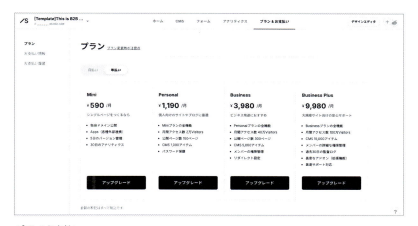

プラン&お支払い

デザインエディタの操作

　Webサイトの文言やデザインといった見た目の部分から、ページの増減などを操作するための画面です。上、左、右にそれぞれ操作パネルがあり、この中を操作することで直感的にWebサイトの編集が可能です。

デザインエディタ

▶ **操作方法**：Studioの操作に慣れてきたら直接Webサイトの中身を操作するのも良いですが、慣れるまでは「コンテンツ編集モード」というのがお

勧めです。

コンテンツ編集モード

　コンテンツ編集モードにすると、ページ内の文字や画像といったコンテンツのみを右パネルで操作することができます。編集できる部分が限定されているため、誤操作によるデザイン崩れなどが起きにくいです。

[運用フェーズ]

8-2 振り返り会を実施し、プロジェクトを積み立て式にする

プロジェクト全体へのフィードバックを共有し、信頼関係を深める「振り返り会」について解説します。プロジェクトが一段落した後、リラックスした状態で対話を重ね、次のプロジェクトでも「一緒にゴールを目指せるパートナーシップ」を築いていきます。

ステップ・ゴール
プロジェクト終了後、KPT法を活用した振り返り会を実施する。

コラボレーション内容
パートナーシップ継続のために、お互いの良い点も改善できそうな点も率直に共有する。

デザインチームの役割
プロジェクト全体を振り返り、発注側からフィードバックを求め、その場で改善策を話し合う。

発注側の役割
プロジェクト終了後だからこそ伝えられるデザインチームへのフィードバックを率直に行い、今後の改善方法を共に考える。

振り返り会の重要性

　Webデザインプロジェクトが無事に終了した後、振り返り会を実施することで、プロジェクトの経験を次に生かし、さらなる成長と成功につなげることができます。振り返り会は、プロジェクトの成果を評価するだけでなく、双方の成長を促し、より良いパートナーシップを築きます。振り返り会には以下のような目的と価値があります。

- ▶ **学びを共有し、次回につなげる**：成功点（Keep）や課題点（Problem）を整理し、改善策（Try）を話し合うことで、次回プロジェクトの精度を向上させます。たとえば、「納期スケジュールの調整が成功した」や「事前ヒアリングが不十分だった」といった具体的な事例をもとに議論することで、実効性の高い改善が期待できます。
- ▶ **信頼関係を深める**：オープンな対話を通じて感謝や配慮を示すことで、「ただの取引先」ではなく、「共に成長するパートナー」としての関係性が築かれます。これにより、長期的な協力関係の基盤が強固になります。
- ▶ **成果を客観的に評価する**：結果だけでなく、プロジェクト進行中のプロセスを振り返ることで、次回の目標設定をより現実的に行えます。この振り返りを通じて、発注者自身も「依頼する側」としてのスキルを磨き、今後のプロジェクトにおいてより良い成果が得られるでしょう。

振り返り会の進め方

イントロダクション

1. **KPTについて共有する**：「Keep」「Problem」「Try」のフレームワークを用いる際は、それぞれの振り返りポイントを事前にお互いで共有しておくとスムーズな進行が期待できます。たとえば、「Keep」では成功した進行管理の方法を挙げ、「Problem」では意思疎通が難しかった場面やその原因を共有します。「Try」では次回のプロジェクトで試したい新しいツールや手法について意見を交わすことで、具体的で実用的な改善策を見出すことがで

きます。このようにポイントを事前に整理しておくことで、振り返り会での議論がより焦点を絞りやすくなります。

2. **アイスブレイクを取り入れる**：振り返り会の冒頭は事務的に進めず、アイスブレイクでリラックスした雰囲気を作りましょう。たとえば、「プロジェクト中で一番印象に残ったこと」を軽く話すだけでも場が和みます。

KPTで振り返る

1. **Keepセクション**：お互いに「プロジェクト中にうまくいったこと」を共有します。ポジティブな内容から始めることで、話しやすい雰囲気を作ります。例：「納期に遅れず対応できた点が良かった」「デザイン案の提案が非常に具体的だった」

2. **Problemセクション**：課題点について話し合いますが、単なる批判ではなく、建設的な対話を意識します。例：「初期の仕様変更が頻発してスケジュールに影響した」「コンテンツの提供が遅れた」

3. **Tryセクション**：お互いに「次回改善できること」「挑戦したいこと」を考えます。TRYは一方的な要求ではなく、双方で一緒に考えることが重要です。例：「もっと具体的な要件定義のテンプレートを用意する」「チャットツールの活用方法を改善する」

4. **次のステップの確認**：追加受注の可能性がある場合、その計画について軽く話をするのも良いでしょう。また、実績掲載や事例紹介に関する許可を再確認します。

振り返り会を成功させるためのポイント

　振り返り会を成功させるためには、オープンな対話を重視することが大切です。一方的な報告やフィードバックではなく、対話をベースに進めることで、より実りある時間になります。発注側も積極的に意見を述べることで、双方の理解が深まり、充実した内容となるでしょう。

　また、プロジェクトの成功に貢献してくれたことへの感謝の気持ちをしっかり伝えることも重要です。この感謝の言葉は相手のモチベーションを高め、良好な関係を築く助けとなります。

振り返り会では、KeepやProblemを整理するだけでなく、「次にどう活かすか」というTryの共有を重視することで、その価値がさらに高まります。具体的な改善策や次回に試したいアイデアを共に考えることで、前向きな学びが得られます。

　さらに、柔軟性を持って臨むことも忘れてはなりません。場の雰囲気や相手の反応に応じて進行内容を調整することで、新たな学びのきっかけが生まれることもあります。時には予定外の話題が出ることもありますが、それが次につながる重要なヒントとなる場合もあるのです。

[運用フェーズ]

8-3 継続的にできそうな パートナーシップを実践する

プロジェクト期間中に築いてきたパートナーシップを活用するために、「継続的なパートナーシップ」の選択肢とそのメリットを解説します。ひとつのプロジェクトを共に成し遂げたメンバーが継続して関わることで、コストを抑え、効果を最大限に発揮できる関係性となります。

ステップ・ゴール
パートナーシップ継続のための選択肢を話し合う。

コラボレーション内容
パートナーシップ継続のために、発注側はWebサイトに関する課題を共有し、デザインチームからは定期的なサポートなどの提案を実施する。

デザインチームの役割
プロジェクトを通して明確になった発注側の事業や戦略への課題を共有し、それらの解決策を提案する。

発注側の役割
Webサイトの運用や改善のための課題を共有し、デザインチームからのサポートが必要かどうかを一緒に検討する。

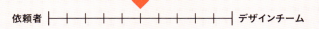

継続的なパートナシップも、一緒に作る

　継続的な関係を維持することで、信頼関係の再構築に伴う時間や労力を削減でき、費用面でも大きなメリットがあります。既存の情報や共通理解を活用すれば、仕様共有や準備にかかる負担を最小限に抑え、効率的で効果的なプロジェクト運営が可能になります。本書では随所で継続的パートナーシップのメリットをお伝えしきましたが、改めて整理してみます。

継続的パートナーシップがもたらすメリット

- **関係構築の負担がなくなる**：継続的な関係であれば、デザインチームが発注者のブランドや課題を把握している状態からプロジェクトをスタートできます。また、担当者が同じであれば、初期のコミュニケーション工数を大きく削減できます。こういった初期の関係構築のコストをかけることなく品質の高いデザインを実現できます。
- **提案の品質の向上**：自社の課題や特徴を理解した状態での相談であれば、デザインチームは発注者の背景などを考慮したうえでの提案ができます。また継続的なやり取りの中で、発注側が気づいていなかった課題や改善点を日常的に共有し、提案ができる関係性となります。
- **自走レベルの向上**：発注者が自走運用を目指す場合、デザインチームから定期的なフィードバックを受けることで運用レベルの向上が図れます。日々の疑問やトラブルを改善し続けることで、継続的なサポートが生産的な運用体制の構築を促進します。

継続的な関係を築くためのアプローチ

　継続的な関係を築くためには、単発のプロジェクト完了後も双方が無理なく関与し続ける姿勢が重要です。これにより、長期的なパートナーシップの確立にもつながり、Webサイトの品質を向上できます。継続的な関係を作るための具体的なアプローチを紹介します。

- **プロジェクトでの連携を続ける**：大きなプロジェクトがなくとも、バナー

作成やキャンペーンページの制作など、小さな依頼をすることで関係を維持します。

▶ **年間契約や保守契約を検討する**：必要に応じて、定期的なメンテナンス契約を結ぶことで、制作側と継続的な関係を確保できます。

▶ **定例ミーティングの実施**：プロジェクト完了後も、半年に一度など定期的に打ち合わせの場を設けることで、Webサイトの状況や運用の課題を確認できます。

▶ **運用中のデータを共有する**：アクセス解析やユーザーからのフィードバックを制作側に共有することで、Webサイトの継続的な改善が可能になります。

▶ **小さな相談を投げかける**：些細な修正や運用の質問があれば、それをきっかけに制作側と話す機会を作りましょう。関係が途切れにくくなります。

関係づくりを阻害しないための注意点

▶ **依頼内容の透明性を保つ**：継続的な関係があるからといって、曖昧な依頼をするとトラブルの原因になります。常に依頼の範囲や条件を明確にすることが大切です。

▶ **一方的な関係にしない**：制作側に過剰な負担をかけると、関係が悪化する可能性があります。お互いにメリットがある関係を意識しましょう。

▶ **更新や改善の必要性を過小評価しない**：プロジェクトが完了したからといって、Webサイトを放置してしまうと成果が下がります。運用状況を共有し、改善の必要性を理解する姿勢を持ちましょう。

Afterword おわりに

筆者らは、本書で扱ったようなWebサイト制作のプロジェクトを日々さまざまな企業と取り組んできました。その中で頻繁に感じてきたのが、「よくわからないから任せます……」「以前依頼した時に思っていたのと違うWebサイトになったので不安です……」といった、わからないことによる依頼者側の不安です。これはWeb制作というプロジェクトが複雑だったり、年々進化していることによるブラックボックス化していることが原因のひとつでしょう。

「愛される。をもっと。」というパーパスのもと、私たちカロアが大切にしているのは、「受託者」ではなく「パートナー」としてお客様と関わる姿勢です。Webサイト制作では長らく「受発注の関係」が一般的でしたが、この関係性では、お互いの期待や考え方の違いから摩擦が生じてしまうことも多くあります。発注者は「早く、安く、良いものを」と願い、受注者は「適切な対価と十分な時間」を求める──この溝、実は意外と深いのです。

だからこそ、本書で強調してきた「パートナーシップの関係」に近づけることが大切だと考えています。パートナーシップの関係を確立できていると、Web制作のプロジェクトが、ただの「いい感じの見た目のWebサイトを作るもの」から、自社の強みや価値を見つめ直して再定義する機会に繋がります。それは、単なるサイト制作を超えた体験になります。

プロジェクトに関わる担当者や経営層の方々は、Webサイトを通して自社の事業を成長させたいという思いをを持っていると思います。そのような方々が、本書を通してWeb制作の進め方を理解し、不安な時間・不要な費用をかけずに制作会社とパートナーシップを組めたら、世の中にもっと多くの良いデザインが生まれるはず、という思いで1冊にまとめました。

本書を読んでいただいたことで、「デザインやWeb制作って難しくて、素人の自分には意見が言えない、素人が口出すとダサくなる」と思っていた方の考えを少しでも変えることができたら嬉しいです。本の中でも述べたように、デザインは関わる人みんなで意見を出し合って作り上げるものです。確かに、それ

を最終アウトプットとしてわかりやすく体験化・視覚化するのはデザイナーしかできませんが、関係者全員が当事者であることは間違いありません。デザインとは、見た目の美しさだけではなく、「目に見えない価値を形にする」役割を担っています。ブランドの世界観表現や、複雑な情報整理、ユーザーが迷わない動線設計など、実はものすごく多様な役割があり、それは1人だけでは達成することができません。一緒に意見を出し合いながら考えていくものなのです。

そして、忘れてはならないのが、Webサイトは公開がゴールではなく、そこからがスタートだということです。よくWebサイトはマラソンのようなものだとたとえられます。長い時間をかけて、継続的な運用と改善を通じて、初めて価値が最大化されていきます。今回は紙面の都合上、紹介できなかった部分もありますが、ぜひパートナー企業と一緒にマラソンを走り抜けてください。

また、本書で紹介した制作の流れは、カロアが実際に行っている内容を抽出して簡易化したものです。細かいやり方は会社によって異なりますが、基本は同じです。なので、ここで読んだことを参考に、ぜひ自社に合うパートナーを見つけて、対話しながら一緒に素敵なデザインを生み出してください。

最後に、これまでの仕事のプロセスを体系化してまとめるにあたって、いつもご一緒させていただいているクライアントの皆さん、カロアのメンバーの方々、また、私の拙い資料をしっかりとした文章にまとめていただき、かつ独自の専門内容も取り入れて一緒に執筆してくださった伊藤さん、長文を書くのに慣れないなか、社会にとってこれは必要な本だ！　もっと早く読みたかった！　という熱い言葉をいただきながらこのような機会をくださった編集の村田さん、そしてこの本を読んでくださったすべての皆さまへ、心より感謝申し上げます。

Web制作のプロジェクトは単なる技術的な作業ではなく、お互いが理解し合い、対話して、共に価値を創造するためのものです。カロアは「愛される。をもっと。」のパーパスのもと、これからも皆さんとのパートナーシップを大切に、より多くの「愛される」瞬間をつくりだしていきたいと思っています。この本が、皆さんのWeb制作とパートナー選びの参考となれば大変嬉しいです。

葉栗雄貴　2025年3月

著者プロフィール

葉栗雄貴 (はぐり ゆうき) ｜ Part 1

新卒でデザイン事務所に入社し、展示会やイベントなどの空間デザインを担当。2017年、BtoBのマーケティング・セールス支援を行うスマートキャンプ株式会社に入社。複数プロダクトで開発、デザイン、PMを担当。2020年、株式会社caroaを創業、代表取締役就任。現在はWebサイトやデジタルプロダクトのデザイン制作や、デザインに関する研修を行う。

X：@thisis8911

伊藤優汰 (いとう ゆうた) ｜ Part 2

株式会社caroa プロジェクトマネージャー、株式会社ルー 代表取締役社長。1995年岐阜県生まれ。大学中退後、NPO法人グリーンズ、株式会社大伸社コミュニケーションデザイン、株式会社スマイルズを経て現職。Webサイトを中心としたコミュニケーションとブランディング支援を実施。

株式会社caroa

「愛される。をもっと。」をパーパスに、「誰もが主役になれて、誰かを主役にもできる。」をビジョンに活動しているデザイン会社。ビジネス向けデザインパートナー「カロアデザイン」では、大手企業、メガベンチャー、シリーズA以降のスタートアップ、NPOなど幅広い業界の企業にパートナーとして携わる。ノーコードで学ぶWeb制作特化型スクール「カロアキャンプ」では、個人、法人、自治体、教育機関へのデザインやWeb制作に関する教育プログラムを提供。Studio Gold Expertsとしても活動中。

Web制作のための、発注＆パートナーシップ構築ガイド

2025年4月15日　初版第1刷発行

著者　　　　　葉栗雄貴、伊藤優汰

発行人　　　　上原哲郎
発行所　　　　株式会社ビー・エヌ・エヌ
　　　　　　　〒150-0022
　　　　　　　東京都渋谷区恵比寿南一丁目20番6号
　　　　　　　Fax：03-5725-1511
　　　　　　　E-mail：info@bnn.co.jp
　　　　　　　www.bnn.co.jp

印刷・製本　　シナノ印刷株式会社

カバーイラスト　マエダユウキ
デザイン　　　駒井和彬（こまゐ図考室）
編集　　　　　村田純一

※本書の内容に関するお問い合わせは弊社Webサイトから、またはお名前とご連絡先を
　明記のうえE-mailにてご連絡ください。
※本書の一部または全部について、個人で使用するほかは、株式会社ビー・エヌ・エヌ
　および著作権者の承諾を得ずに無断で複写・複製することは禁じられております。
※乱丁本・落丁本はお取り替えいたします。
※定価はカバーに記載してあります。

ISBN978-4-8025-1236-7
© 2025 Yuki Haguri, Yuta Ito
Printed in Japan